Brigitte et Gilles

CONNAITRE LASCAUX

Photographies de Ray Delvert

SUD OUEST

3

La vallée de la Vézère,
L'aube des temps magdaléniens,
Le renne et quelques autres bêtes,
Les Cro-Magnon...

La grotte de Lascaux, c'est une extraordinaire rencontre entre un pays, un moment, des animaux et des hommes.

Et c'est sans doute pour cela que cette caverne ornée est unique.

1 — **Salle des Taureaux.** *La «licorne» (L = environ 2,40 m), dessinée au trait noir épais. Animal composite (corps de rhinocéros, garrot d'ours ou de bison, tête et ocelles de félin, queue de cervidé) ou représentation fantaisiste de félin d'après une tradition orale. Deux chevaux au trait léger rouge sur le corps. A droite : un cheval brun (sa tête a été détruite par la chute d'une écaille rocheuse). Cette «licorne» énigmatique est la première figure importante rencontrée en pénétrant dans la grotte.*

2 — Salle des Taureaux. *Premier grand taureau (ou aurochs) (L = environ 3 m), dessiné d'un trait épais noir. Reprise au trait rouge des cornes et du garrot. A ses côtés : un grand cheval rouge à tête noire et une file de petits chevaux bruns.*

*3 — **Salle des Taureaux.** Cheval rouge à tête noire (L = environ 2 m). La tête, sommée de deux oreilles dressées, est petite par rapport au corps. Les membres courts sont projetés en avant et en arrière en un artificiel galop «volant». Le membre antérieur gauche est détaché du poitrail par un artifice de perspective.*

Un Pays

ENTRE COTEAUX ET FALAISES : LA VEZERE

La rivière noire, encore toute chargée des marnes et des micas des confins de la Corrèze et des galets du Limousin, coule ici en une large vallée, entre tabac et maïs, peupliers et prairies, aux pieds des coteaux peu escarpés des calcaires du Périgord noir. C'est ici que les hommes ont construit Montignac, gros bourg traditionnel sommé d'un château.

La Vézère corrézienne, en amont, a longtemps cheminé dans les étroites gorges des terrains cristallins limousins. Après Thonac, en aval, elle va effectuer une trouée, difficile et grandiose, dans les calcaires du Moustier, de la Madeleine, des Eyzies, entre les falaises, toutes percées de porches de cavernes et d'abris sous roche. Cette rivière est à la fois une grande voie de pénétration et de migration, et un axe sur lequel s'alignent, depuis 200 000 ans, les habitats des hommes.

Ses affluents sont modestes : quelques ruisseaux, plus souvent de simples combes sèches qui découpent le plateau, le compartimentant en de multiples petits massifs, coteaux ou buttes, dénudés ou chichement boisés. Ainsi, la colline de Lascaux, en rive gauche de la Vézère.

En Périgord noir, le calcaire est partout : falaises, rochers, roques altières, pentes gréseuses, massifs parfois cachés sous une mince couche de terre ou quelques sables. Ce Coniacien est une roche jaune, riche en fer qui rougit au feu : elle est grenue, aussi riche en sable aggloméré qu'en calcaire. Quelques failles la fracturent ; surtout, des diaclases la fissurent, ouvrant la voie à des ruisseaux souterrains qui creuseront d'innombrables grottes.

4 — Salle des Taureaux. *Tête du premier grand taureau (fig.2). Cornes implantées sur le sommet de la tête, de part et d'autre du chignon strié. Oeil fait de deux tirets. Naseau blanc isolé de la joue par un trait courbe. Tête et encolure mouchetées de points noirs. Devant le front, un signe composé de tirets rouges.*

5 — Salle des Taureaux. *Tête du deuxième grand taureau (fig. 9), faisant face au premier. Cornes figurées de trois quarts (une corne en C et une corne en S), très caractéristiques du rendu conventionnel de la perspective à Lascaux. Oreille fichée dans la nuque. Chignon fait de deux traits parallèles. Mouchetures autour de l'oeil. Entre les deux taureaux, un cheval rouge, sans membres, à tête brune, crinière vaporeuse et oreilles dressées.*

*6 — **Salle des Taureaux.** Groupe de cerfs entre les deux premiers taureaux (L de chacun = environ 0,70 m). Têtes fines, ramures compliquées, membres raides, projetés vers l'avant et vers l'arrière en un galop figé.*

UNE CAVERNE ENTRE MILLE

Le Périgord est le pays aux mille cavernes. Des pertes où elles s'infiltrent, les eaux cheminent sous la terre, forant vigoureusement leur passage aux dépens des diaclases verticales ou des joints qui séparent les strates horizontales de la roche. Parfois le plafond de ces galeries s'est effondré en un point, formant un modeste gouffre, un petit aven. Souvent ces réseaux souterrains ont été secondairement envahis par l'argile rouge, les sables ou les concrétions stalagmitiques ; sur les pentes des coteaux, leur entrée est parfois colmatée ; souvent les ruisseaux les ont abandonnés, circulant de plus en plus profondément. Et ce sont des grottes sèches, fossiles, que nous visitons : boyaux rocheux où s'insinuent les spéléologues, larges et belles cavités parfois aménagées pour la visite touristique.

Quelques-unes d'entre elles (moins d'une trentaine, auxquelles s'ajoutent une dizaine d'abris sous roche) ont vu leurs parois décorées par l'homme préhistorique, depuis le Gravettien, il y a 25 000 ans environ, jusqu'à la fin du Magdalénien, il y

*7 — **Salle des Taureaux.** Cerf brun au contour souligné par un trait noir (détail de la fig. 6). Bois à doubles andouillers vers l'avant, plantés dans le sommet du crâne suivant un schéma classique à Lascaux : une perche est verticale, l'autre oblique vers l'arrière. En arrière, un trait marque l'oreille. Abdomen à bande claire (ventre de biche). Pas de queue. Sabots ovales, allongés, à extrémité pointue, surmontés d'un ergot, fendus en deux par le filet séparant les deux onglons, comme s'ils étaient vus par la face plantaire.*

a quelque 10 000 ans. La longueur de la plus petite n'excède pas quelques mètres ; la plus grande, d'un développement de plusieurs kilomètres, est aujourd'hui équipée d'un petit chemin de fer souterrain. Nombreux sont, comme on sait, les porches de cavernes et les abris, qui ont fourni un auvent tout prêt aux habitats voire aux sépultures des hommes de Néandertal ou de Cro-Magnon. Mais l'on ne connaît pas ici d'habitat préhistorique vraiment souterrain. L'homme des cavernes n'habitait pas les cavernes. Du moins en Périgord.

Parmi ces mille grottes, l'homme de Cro-Magnon a choisi, il y a 17 000 ans, celle de la colline de Lascaux pour en faire le plus remarquable des sanctuaires souterrains de la Préhistoire. C'est en effet une des plus vastes de la contrée, celle dont les parois sont les plus propices à la peinture, à la gravure, à l'art pariétal.

*8 — **Salle des Taureaux.** Cerf rouge à tête «bizarde», aux bois anarchiques et exubérants. Oreille fichée dans la nuque (détail de la fig. 6).*

*10 — **Salle des Taureaux.** Bison rouge confondu avec la ligne de ventre du deuxième grand taureau (fig. 9). La tête et la bosse sont massives, les pattes avant sommairement dessinées et ouvertes en V. Les cornes sont figurées suivant les conventions habituelles : la corne la plus éloignée de l'observateur est en C, la plus proche en S.*

*9 — **Salle des Taureaux.** Deuxième grand taureau (L = 3,50 m environ), sexué et à encolure épaisse. Animal caractéristique du style des bovins de Lascaux : tête de profil et cornes de trois quarts ; oreille fichée dans la nuque ; corps énorme vu de profil ; poitrail de trois quarts ; membres courts, animés, terminés par des sabots vus de face (ovales massifs séparés en deux onglons), surmontés par un ergot. Un signe barbelé marque l'épaule ; un petit cerf rouge surcharge les pattes antérieures, et un bison rouge la ligne de ventre.*

***11* — Salle des Taureaux.** *Quatrième grand taureau (L = 5,50 m). Son poitrail surplombe l'arrière-train du troisième grand taureau qu'il dissimule en partie (effet de perspective). Sa tête, mutilée par la chute d'une écaille rocheuse, porte des cornes démesurées. De part et d'autre, des signes : signe en croix oblique ; nappe et ligne de points ; signe rectiligne à barbelure qui paraît implanté dans le mufle ; petit trait noir devant la bouche (souffle ?). A ses pieds, dans une position analogue à celle du bison de la fig. 10, une vache rouge aux cornes reprises par un tracé noir, suivie par un petit animal rouge incomplet (son veau ?).*

Il n'a pas eu grand mérite à la trouver. A l'époque, son porche, lieu d'émergence d'un très ancien ruisseau souterrain (du début de l'ère tertaire), s'ouvrait au pied d'un à-pic, parmi les quelques chênes rabougris, pins, noisetiers et genévriers d'un causse ensoleillé.

Les lampes à suif permettaient de découvrir, en s'enfonçant un peu sous la terre dans ce cours d'eau fossile, une large rotonde (*la Salle des Taureaux*) et une étroite diaclase (*le Diverticule Axial*). Latéralement greffée, au-delà d'une galerie basse obligeant à progresser à croupetons (*le Passage*), la haute diaclase de la *Nef* possède deux prolongements : à droite, l'élargissement de *l'Abside* avec l'orifice du *Puits* ; au fond, le boyau de *la galerie des Félins*. Un plan complexe de 250 mètres de développement, mais se résumant à deux axes : l'un, d'entrée (Salle des Taureaux-Diverticule Axial) ; l'autre, plus profond (Passage-Nef-Félins). Le premier est aisé à parcourir ; le second est accidenté, avec des passages bas et deux petits gouffres.

*12 — **Salle des Taureaux.** Cerf (L – 0,70 m), traversant le poitrail du troisième grand taureau. Facture et dimensions identiques à celles du cerf de la fig. 7. Bois terminés par de curieux épois en éventail.*

Surtout c'était une caverne vide. Une couche de marne imperméable fait à la grotte comme une toiture étanche, s'opposant à toute infiltration, à toute percolation, à tout ruissellement de l'eau chargée de calcaire. Ici, pas de ces stalactites, de ces stalagmites, de ces coulées de calcite, qui sont l'habituelle parure des cavernes périgordes. Au contraire, le plafond et les parois, libres, pratiquement sans écailles de desquamation, sont simplement recouverts (dans la Salle des Taureaux et le Diverticule Axial) d'une couche immaculée de calcite, cristallisée peut-être lors d'un remplissage ancien de la cavité par l'eau, et, en partie basse, d'un enduit plus argileux. Dans les autres galeries, le plus souvent, la roche, jaune et rugueuse, est à nu. Le sol est partout d'argile et de sable, avec, dans la première salle, les gours, modestes barrages concrétionnés d'un temporaire ruisseau.

Les parois calcitées de l'axe d'entrée, hérissées de petits cristaux, blancs et durs, porteront exclusivement les peintures ; les gravures (et les peintures rehaussées de gravures) orneront les parois des autres galeries, ocres et siliceuses, dont le calcaire s'altère peu à peu, comme grain par grain.

Il y a donc eu un double choix : choix de la caverne parmi tant d'autres ; choix du procédé graphique en fonction de l'état préalable des surfaces pariétales.

Sur la caverne elle-même, nous avons appris bien des choses qu'ignoraient les Magdaléniens. Le porche de leur grotte-sanctuaire s'est effondré, sous l'action des gels et dégels, peu après leur passage, fermant l'entrée du réseau souterrain pour 170 siècles. Dans ce microcosme oublié, s'est établi un climat autonome, réglé par d'infimes courants d'air, brassant lentement l'air humide, maintenu froid par un puissant cône d'éboulis, s'opposant à toute condensation sur les murs et évacuant le gaz carbonique naturellement produit.

Les objets abandonnés par les peintres, les graveurs et les visiteurs du temps de la Préhistoire, sont demeurés posés sur les reliefs des parois ou, au sol, se sont peu à peu enfouis sous les sables tombés des murs, une petite couche d'argile, un mince plancher stalagmitique voire l'épaisse calcite des gours. Couche archéologique doublement protégée, scellée par quelques centimètres de sédiment, dans une grotte close. Et ces vestiges permettent de reconstituer la vie de ceux qui avaient fréquenté la caverne.

*13 — **Salle des Taureaux.** Cheval incomplet à trois membres antérieurs. Il semble émerger de la patte avant droit du troisième grand taureau et se dirige vers le Diverticule axial.*

TOUT SOUS LA MAIN OU PRESQUE

L'époque magdalénienne n'est ni le temps de l'épouvante ni celui de l'âge d'or. Outre les abris que ménagent ses rochers, la vallée de la Vézère fournit aux hommes de Lascaux des roches, des bois et des bêtes.

Dans le sol sont les pigments : les ocres jaunes et bruns que la cuisson rougit (ce sont des mélanges de sable et d'argile, avec un oxyde de fer plus ou moins déshydraté) ; le manganèse noir (le bioxyde, du moins) et, même, du charbon minéral. Le calcaire de la colline se délite en petites dallettes qui forment des lampes fort convenables, des palettes et des broyeurs de pigments. Le silex n'est pas rare, et il en vient d'un peu partout.

Le Périgord de ce temps est dépouvu de grandes forêts. Aux arbres voisins seront empruntés des baliveaux pour les mâts d'escalade, les échafaudages ; aux buissons, les fibres végétales dont sont commis les cordages.

Les animaux sont nombreux : grands herbivores, félins, petite faune, oiseaux. Mais c'est le renne qui est la providence du Magdalénien, auquel il fournit aliments et matériaux divers. C'est bien l'âge du Renne.

*14 — **Salle des Taureaux.** Petit cheval tricolore, incomplet, peint sur l'épaule du troisième grand taureau (tête détruite par la chute d'une écaille rocheuse ; crinière noire striée). Autour, nombreux signes en bâtonnets.*

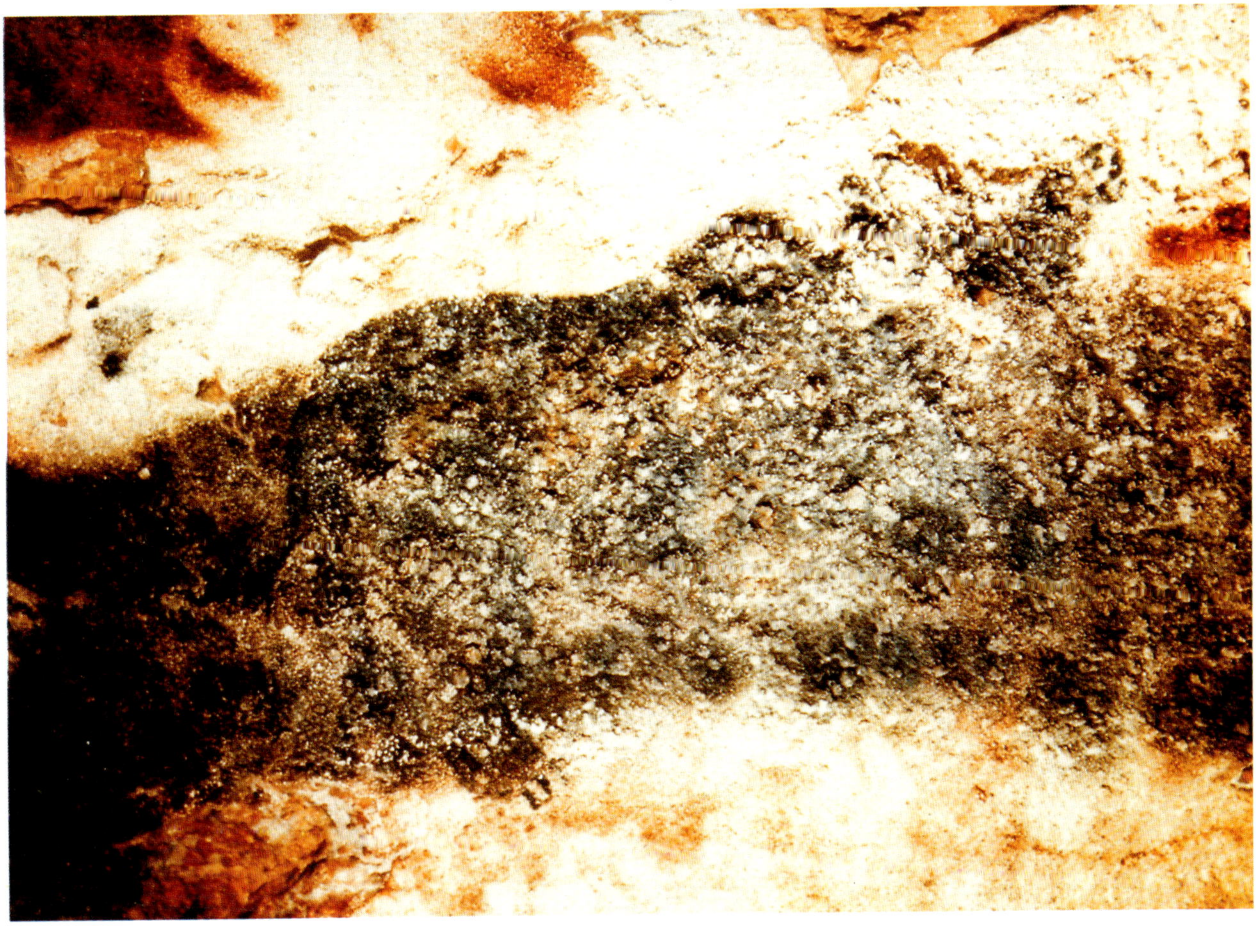

*15 — **Salle des Taureaux.** Ours (L = 0,60 m environ), peint en noir. Son tracé se confond presque entièrement avec la ligne de ventre du troisième grand taureau. On distingue la tête aux deux oreilles rondes, le museau étroit dressé, le garrot proéminent, la croupe arrondie et l'extrémité d'une patte postérieure griffue.*

*16 — **Salle des Taureaux.** Nappe de signes en bâtonnets sous le ventre du quatrième grand taureau (fig. 11). De tels signes géométriques sont très nombreux à Lascaux, associés entre eux ou aux animaux. Leur signification demeure mystérieuse.*

*17 — **Diverticule axial.** Après la vaste Salle des Taureaux, la grotte se rétrécit en une étroite galerie. Le haut des parois et la voûte sont ornés de peintures.*

(En pages suivantes)
*18 — **Diverticule axial.** Vache rouge à tête noire (L = 2,80 m) : tête et encolure fines, cornes en perspective normale, corps énorme, pattes grêles en perspective marquée, queue démesurée. Sa robe est pommelée. Une ligne claire suit sa ligne de dos (marque de pelage ou reprise du tracé ?). Elle est située à l'entrée de la galerie, en face du grand cerf (fig. 19). Comme presque partout à Lascaux, la partie inférieure de la paroi, irrégulière et sale, n'a pas été ornée.*

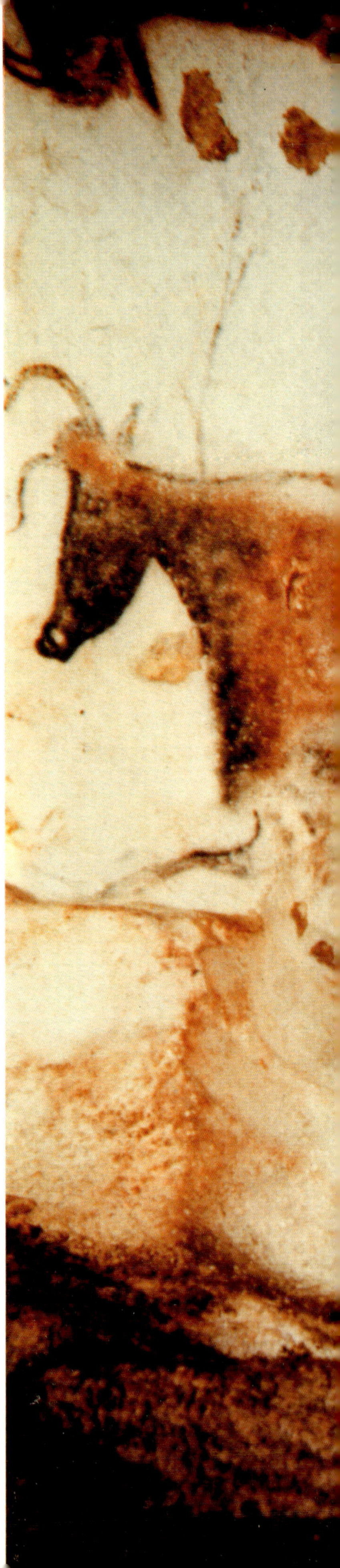

*19 — **Diverticule axial.** Cerf incomplet, à tête fine et oreille pointue (h = 1,40 m) avec une ramure exubérante aux andouillers et surandouillers doubles et aux larges empaumures d'où partent des épois sinueux. Au-dessous : un signe rectangulaire et une ligne de points. Trois chevaux l'encadrent.*

*20 — **Diverticule axial.** Vache rouge (L = 2,50 m environ), à la patte avant levée. Ses pattes postérieures se confondent avec le corps du premier «cheval chinois» (tête et encolure cernées par des lignes de gros points noirs). A la place des membres antérieurs absents du cheval, un signe en accolade fait, lui aussi, de points. Nombreux signes tout autour (points, bâtonnets, croix, ramiformes).*

(En pages suivantes)
*21 — **Diverticule axial.** Les deux «chevaux chinois», les plus célèbres (en fait, il y en a six, trois sur chaque paroi, en vis-à-vis). Ils sont très caractéristiques des conventions des peintres de Lascaux : tête petite et effilée, ventre ballonné avec pelage indiqué et traits d'épaule, membres courts et animés, sabots arrondis, vus de face. La position redressée des membres antérieurs du cheval de gauche fait évoquer un étalon suivant une jument.*

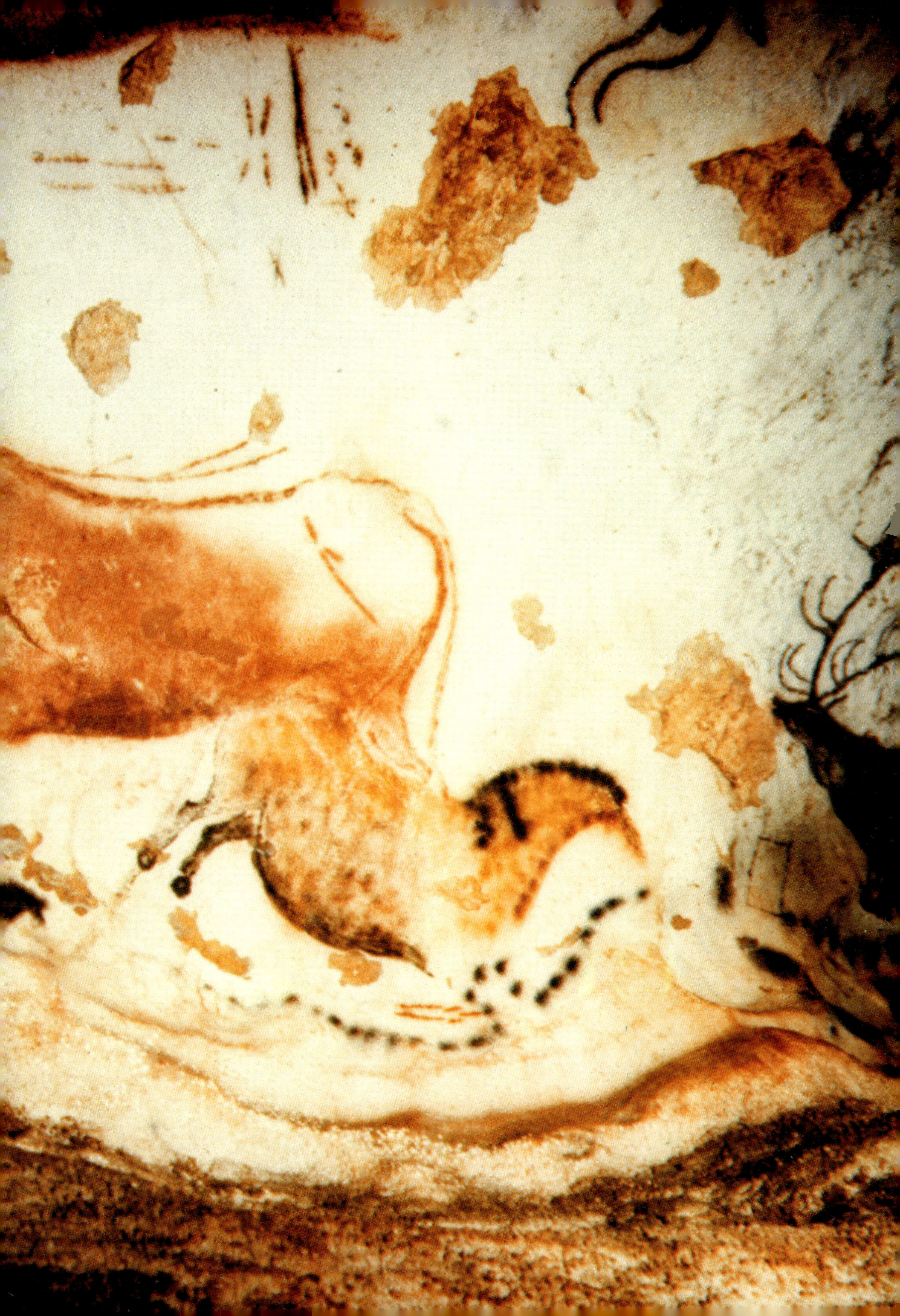

*22 — **Diverticule axial.** «Cheval chinois» à robe d'hiver (longs poils sous le ventre), à rayures multiples. Une interruption de la peinture sur les membres antérieur et postérieur gauches rend compte de la perspective et met en valeur le premier plan.*

Un moment

AVEC QUELQUES GRAINS DE POLLENS.

Les fleurs se fânent, les feuilles et les bois pourrissent ; mais les pollens, tout comme les spores des végétaux, défient le temps. Une enveloppe à toute épreuve fait de ces particules microscopiques, aux formes et dimensions caractéristiques de chaque espèce, des vestiges indestructibles. Ils témoigneront, pour le palynologue qui les étudie, de l'environnement végétal, donc du climat qui régnait lorsque la couche archéologique, dont ils sont extraits, s'est constituée. L'examen au microscope des débris de bois, exceptionnellement préservés, fournit des renseignements analogues. L'aspect des sédiments de chaque couche d'un gisement dépend, lui aussi, des conditions de dépôt et de climat.

Les hommes de Cro-Magnon (et aussi ceux de Néandertal ou du Moustier, leurs prédécesseurs immédiats) ont connu un refroidissement du climat : la glaciation de Wurm (de -75 000 ans à -10 000 ans avant J.-C.). Mais l'Europe n'était pas transformée en un vaste désert glacé. Dans nos contrées, le climat, quoique plus rude qu'aujourd'hui (environ 5°C de moins pour les moyennes annuelles), permettait à l'homme de vivre normalement. Ce climat, de plus, a varié suivant les moments, la latitude du lieu, la proximité de la mer, et ces variations ont eu des conséquences notables sur la flore et sur la faune.

Le temps de Lascaux est celui d'un réchauffement assez humide, durant moins d'un millénaire, entre deux périodes plus froides. Cet «interstade» de Lascaux est lui-même subdivisé en divers épisodes, plus chauds ou plus froids. Les hommes de Lascaux ont donc connu, en Périgord, à égale distance du pôle et de l'équateur, de la mer et de la montagne, un climat assez analogue au nôtre : 0° à 10° C environ en janvier, 15° à 22° C en juillet ; 500 à 700 mm de pluie pour l'année ; des hivers assez longs mais modérés, des étés courts et pas très chauds, des printemps et des automnes de courte durée. Et le panorama qui se déroule autour de la colline de Lascaux n'était pas très différent (constructions et cultures exceptées) de celui que nous voyons aujourd'hui à nos pieds.

Et la palynologue Arlette Leroi-Gourhan, à travers l'oculaire de son microscope, voit le paysage se préciser. Les Magdaléniens sont arrivés

23 — «Cheval chinois» jaune (L = 1, 40 m), à robe claire (poitrail souligné par un relief naturel). La marque de pelage claire sur le ventre, en M, est une convention graphique magdalénienne. Autour, nombreux signes : signe quadrangulaire ; paire de bâtonnets à expansion latérale (devant le bout du nez) ; trait rectiligne (au-dessus de la croupe) ; chevrons doubles emboîtés (sur le poitrail et l'abdomen), qui simulent nos «flèches» schématiques.

dans la grotte au moment de l'optimum climatique et ont quitté les lieux dès les premières manifestations de l'épisode froid qui a suivi. Les premiers d'entre eux ont donc connu un couvert forestier abondant avec une forêt mixte, faite de noisetiers, de pins et de grands feuillus (chênes, tilleuls, ormes, frênes, charmes, érables), à l'ombre de laquelle se développent des troënes, des groseillers, de la bourdaine et de la clématite. Des arbres exigeant un climat plus chaud apparaissent même çà et là (pins maritimes, noyers). Lorsque le climat se détériore, les grands feuillus se raréfient et une végétation partiellement steppique envahit le paysage (les Composées, telles la centaurée, le chardon, l'emportent sur les Graminées).

La faune était celle d'un climat tempéré : chevaux et bovins, cerfs et biches, bouquetins, sangliers, ours bruns, lièvres et lapins, loirs et lérots, hérissons, grenouilles et chauves-souris. Demeuraient cependant des représentants d'une faune plus froide : le rhinocéros laineux et, peut-être, le bœuf musqué ; le renne surtout, qui se retirait l'été sur les pentes du Massif central.

POUR UNE POIGNEE DE CHARBONS

Mais le monde végétal ne fournit pas seulement des pollens au préhistorien. Les charbons de bois, lorsqu'ils ont été préservés, comme à Lascaux, peuvent être datés par la méthode du radiocarbone.

Les organismes vivants, animaux ou végétaux, contiennent la même proportion de carbone ordinaire (carbone 12) et de carbone radioactif (carbone 14) que l'atmosphère. Lorsque les échanges s'arrêtent, après la mort, le carbone 14 diminue peu à peu, selon une décroissance radioactive connue. La mesure, aujourd'hui, du carbone 14 restant permet de déterminer le moment de cet arrêt avec précision.

Les charbons préservés dans la couche archéologique du sol de Lascaux ont été recueillis et examinés par cette méthode. Ils sont vieux en moyenne de 17 000 ans (très précisément de 17 070 ans, plus ou moins 130 ans).

Les objets, retrouvés dans cette même couche (lamelles de silex et pointes de sagaie), sont d'ailleurs bien du modèle de ceux qu'utilisaient les hommes de cette époque (le début du Magdalénien).

Des animaux

INVISIBLE ET OMNIPRESENT : LE RENNE

L'environnement animalier des hommes du Magdalénien ancien est avant tout constitué par des grands troupeaux de rennes. Ils le chassent et en utilisent à peu près tout. Mais ce sont d'autres espèces d'animaux qu'ils dessinent sur les parois de la grotte de Lascaux.

Le renne domine cet âge du Renne qui correspond au Paléolithique supérieur et tout particulièrement au Magdalénien. Ces cervidés (130 à 220 cm de long, 60 à 315 kg) accomplissent de grandes migrations. Leurs ennemis sont des loups et, surtout en été, les moustiques qui les chassent de la toundra et les poussent vers les montagnes. Mâles et femelles portent des bois à longue perche recourbée en avant. Leur tête, à large mufle, est portée bas, avec un garrot saillant, un fanon à longs poils au-dessous du cou. Ils sont hauts sur pattes (hauteur au garrot : 80 à 150 cm), avec des tendons qui émettent des petits claquements à chaque pas, des pieds larges, comme palmés, bien stables sur le sol neigeux. Leur queue est courte. Ils consomment des feuilles d'arbres, d'autres plantes, et du lichen qu'ils savent dénicher sous la neige. A la fin des temps glaciaires, il y a 10 000 ans, ils ont quitté notre pays pour la zone circumpolaire, et il est difficile de les ré-acclimater en France aujourd'hui.

Le renne est une sorte de libre-service de la Préhistoire. Les bois sont taillés pour fabriquer des sagaies, que d'autres bois, percés, aident à rendre bien rectilignes ; les os servent à fabriquer des aiguilles pour coudre, des tubes. La peau, aux longs poils serrés, est tannée ; elle recouvrira la charpente des huttes ou sera coupée pour confectionner de chauds vêtements, d'épais mocassins. Les tendons sont disséqués en de multiples fils à coudre. Le suif, récupéré, alimentera les lampes. Surtout la viande du renne, avec sa graisse, sa moelle et ses abats, forme l'essentiel de la nourriture carnée de nos Magdaléniens qu'agrémentent des baies, des feuilles, des racines, des noix et des noisettes.

ET TOUT UN BESTIAIRE

Les autres animaux sont, à Lascaux, très peu consommés ; mais leurs silhouettes figurent, en grand nombre, sur les parois et le plafond de la caverne. Tous sont bien sûr des animaux sauvages, non domestiqués.

Les *chevaux* dominent largement (ils sont quatre fois plus nombreux que les bovins ou que les cervidés). Ce sont avant tout des petits chevaux, très analogues aux chevaux de Prjwalski (on prononce : «Préjévalski», qui vivaient encore au siècle dernier en hardes farouches, sous la conduite d'un étalon, dans les steppes de Mongolie où on les découvrit vers 1880. Ils ont probablement disparu, de nos jours, à l'état libre,

24 — *Diverticule axial.* *Entre les chevaux chinois et la Salle des Taureaux : trois vaches rouges aux têtes disposées en rosace autour de l'esquisse d'un petit cheval dessiné au trait rouge sur la voûte de la galerie, au point le plus étroit. Le corps de l'une des vaches s'étend d'une paroi à l'autre.*

*25 — **Diverticule axial.** Vue du fond de la galerie vers la Salle des Taureaux. A droite : grand taureau noir (fig. 26), cheval et signe.*

mais de nombreux vivent dans les zoos. Ce cheval est petit (long de 220 à 280 cm, 120 à 145 cm au garrot), et sa tête massive est portée par un cou épais. La crinière est en brosse et la queue est longue (90 à 110 cm). Leurs crins sont sombres. La robe va de l'isabelle rougeâtre au brun-jaune, avec un pelage plus long et plus clair en hiver. L'arête dorsale est soulignée par une ligne marron dite raie de mulet, l'épaule par un ou plusieurs traits foncés. Les membres sont également plus sombres avec parfois des zébrures brunes. Ils n'ont pas le même nombre de chromosomes que les chevaux actuels. Autres chevaux sauvages : les tarpans des steppes ou des forêts. Longtemps communs en Europe et assez semblable aux précédents (avec un pelage gris ou souris), ils ont disparu au cours des deux derniers siècles. Des tarpans «de synthèse» ont été reconstitués, de nos jours, en croisant divers chevaux tarpanoïdes dont le Konik.

Dans les dessins de Lascaux (et donc, sans doute, dans l'esprit des anciens Magdaléniens), les bovins occupent la deuxième place, ex-aequo avec les cervidés. Loin derrière les chevaux. Ces bovins sont les aurochs et les bisons.

L'*aurochs*, bœuf des prairies, est l'indice d'un climat plus tempéré que le bison. Quelques chiffres disent bien sa puissance : 3 m de long ; 1,80 m au garrot ; pesant juqu'à une tonne ; cornes atteignant 80 cm de long (la vache est de 25 % plus petite et plus légère que le taureau). Nos bovins domestiques descendent de ces ancêtres imposants et agressifs qui portaient un pelage brun noir ou brun rougeâtre, avec une raie dorsale plus claire, long et frisé en hiver, court en été. La tête était massive, surtout chez le mâle avec un anneau blanc autour du mufle et du menton, un front bouclé, de longues cornes blanches à pointe noire ; le ventre et la face interne des pattes étaient clairs. Ces aurochs vivaient en petites hardes (un taureau, quelques vaches et les veaux). Le dernier aurochs est mort en Pologne en 1627, mais, entre les deux dernières guerres, les zoologistes sont parvenus à reconstituer des néo-aurochs (à l'image des aurochs figurés sur des gravures et un tableau anciens), par des croisements entre divers bovins européens encore très primitifs. Les nombreux aurochs, représentés à Lascaux, sont venus confirmer la réussite de cette restitution expérimentale ; mais une espèce éteinte ne peut être vraiment ressuscitée.

26 et 27 — Diverticule axial. *Grand aurochs noir rougeâtre (L supérieur à 3 m), manifestement mâle : tête de profil au mufle en forme de C souligné par le court trait de la lèvre inférieure ; cornes vues de trois quarts ; fanon proéminent ; membres antérieurs projetés en avant avec un sabot vu de face montrant les deux onglons.*

L'autre bovin de Lascaux était le *bison*. Le bison d'Europe actuel est son descendant. Lui aussi est fort impressionant : 3,10 à 3,50 m de long, une hauteur au garrot de 2m, un poids pouvant atteindre une tonne. L'avant-train est massif, avec de longs poils sombres. La tête est portée bas avec un front vertical (comme nous), un toupet et une barbe. Les cornes (jusqu'à 60 cm de long se détachent latéralement du front, se recourbant vers le haut, puis vers l'avant, pointes tournées vers l'intérieur. Sur le corps, la toison est épaisse, et se détache par plaques lors de la mue, au printemps. La queue est courte (50 à 60 cm), à poils de plus en plus allongés, mais sans touffe terminale, un peu ridicule. Surtout le garrot est élevé du fait de la saillie des apophyses épineuses des vertèbres dorsales. La ligne cervico-dorsale du bison porte donc quatre bosses successives : le front poilu ; le chignon en avant des cornes et entre elles ; une masse graisseuse cervicale couverte de fourrure ; le long et haut garrot, enfin. Autrefois animal de steppe, le bison d'Europe est devenu animal de forêt. Mais les actuels bisons de la forêt de Bialowieza en Pologne sont, eux, des descendants de bisons d'élevage (d'où une inquiétante consanguinité). En liberté, les vieux taureaux s'isolent et font bande à part. Pendant le rut, le troupeau se scinde en petits groupes (huit à dix têtes), conduits chacun par la vache la plus âgée.

Une médiocre et incomplète gravure de l'Abside de Lascaux semble représenter un *bœuf musqué* ou ovibos. Ce caprin de bonne taille (long de 180 à 250 cm, haut au garrot de 110 à 145 cm, pesant 200 à 300 kg) est surtout remarquable par un pelage hirsute et gonflé, masquant les formes et faisant apparaître l'animal plus grand qu'il n'est. Les cornes, aussi, sont très singulières : la base de chacune est élargie en plaque, formant parfois comme une

Recouvert par le corps du taureau : deux vaches rouges plus petites et quatre têtes cornues de bovins jaunes. Devant son mufle : un signe ramiforme et un cheval bistre incomplet. Entre les deux pattes avant, une petite excavation bourrée d'argile avec l'empreinte d'un bois d'échafaudage.

sorte de demi-casque ; la corne descend très près de la joue, puis redresse brusquement sa pointe vers le haut, en crochet. Ces ovibos se sont aujourd'hui retirés dans le Grand Nord où on les découvrit seulement au siècle dernier : ils aiment les climats très froids.

Les cervidés peints ou gravés sur les parois de Lascaux sont tous (sauf une exception : un renne) des *cerfs* et des *biches*, indices d'un réchauffement du climat. Ce sont des cerfs communs, tout a fait semblables à nos cerfs élaphes d'Europe ou cerfs rouges. Ils sont longs de 165 à 265 cm, hauts de 75 à 150 cm, et pèsent de 75 à 340 kg. La tête au mufle pointu, est tenue droite, érigée. Le mâle, seul, porte des bois qui tombent chaque hiver : la longue perche détache de multiples cors pointant en avant et se termine en une enfourchure ou empaumure très variable. En prenant de l'âge le cerf voit sa «tête» devenir de plus en plus armée. En dehors de la période du rut automnal où il appelle les femelles de son brâme avant de s'accoupler, le cerf vit, soit en solitaire, soit plus souvent en harde mixte ou exclusivement mâle, sorte de «club», pour passer l'hiver.

Les *bouquetins* sont confinés aujourd'hui dans les hautes montagnes, à la limite des neiges, et sont difficiles à approcher. Il n'en allait pas de même au temps de Lascaux où ils vivaient dans nos régions. Mais ils redoutent les grandes chaleurs. Ces caprins, encore assez robustes (longs de 115 à 170 cm, haut de 65 à 105 cm, pesant de 35 à 150 kg) ont des cornes caractéristiques. Ici, ce sont des bouquetins des Alpes ou Ibex ; la corne est un arc de cercle annelé en avant, long parfois de près d'un mètre chez le mâle. Le corps est massif, la queue courte, parfois récurrente ; les membres sont terminés par des sabots bisulques, habiles à la course et au saut en terrain très accidenté. Ces bouquetins vivent à l'aise dans les parcs naturels des Alpes. Lors du rut hivernal, mâles et femelles sont bien sûr mêlés. Durant le reste de l'année, les mâles d'un côté, les femelles avec les cabris de l'autre, forment des troupeaux séparés. En été les mâles s'affrontent et se battent souvent en de longs combats ritualisés qui décident de la hiérarchie entre eux ; ils s'évitent à l'époque du rut. Nos bouquetins actuels sont à l'abri de leurs ennemis naturels (loups, lynx, ours).

Les *félins* gravés de Lascaux, contrairement aux grands herbivores qui peuplent les grandes galeries, sont relégués dans un modeste boyau. A vrai dire ils sont peu nombreux (moins d'une dizaine) et leurs silhouettes sont sommairement traitées, sans grands détails. Ce sont sans doute des lions sans crinière (ou lions des cavernes) peu différent des lions actuels (long de 170 à 190 cm, pesant de 150 à 250 kg pour le mâle, de 120 à 180 kg pour la femelle, avec une queue à toupillon de 1 m de longueur totale). Les piètres qualités de leurs représentations ici témoignent peut-être du comportement des félins : hardes de deux ou trois mâles et de cinq à dix femelles, vivant discrètement et en partie la nuit. Les lions sont des animaux de steppe vivant, certes, de nos jours en Afrique (jusque sur les pentes très élevées du Kenya) ; mais ce ne sont pas, à l'origine, des animaux tropicaux.

L'ours, qui se cache derrière le large trait peint d'un aurochs de la Salle des Taureaux, est très certainement un *ours brun* (ou peut-être un

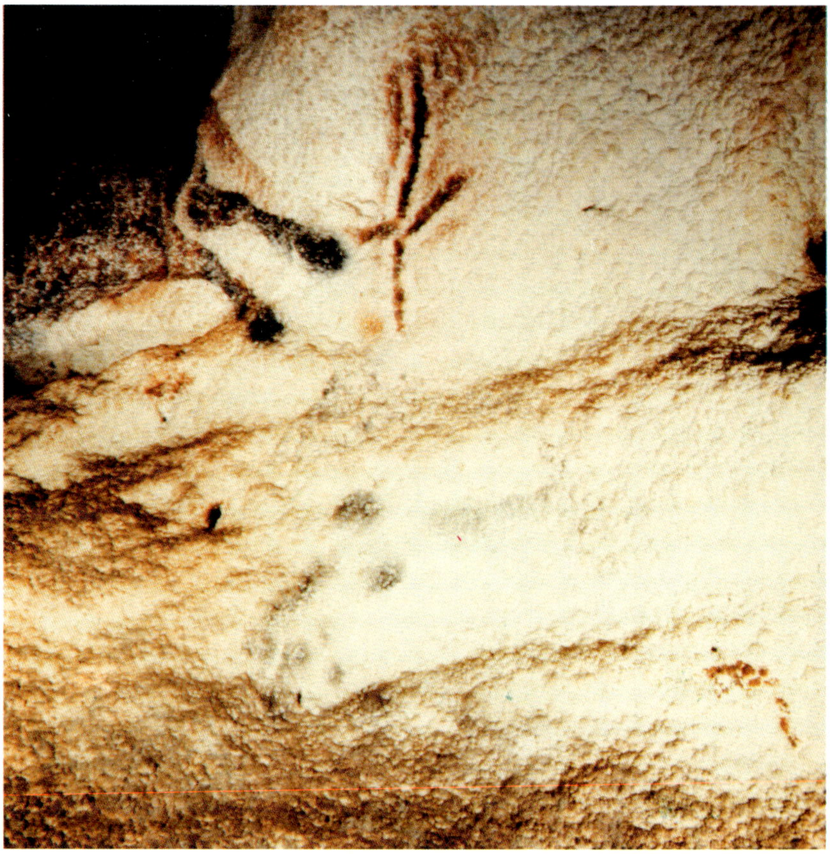

29 — Diverticule axial. *Vestiges et pigment noir sous le signe ramifié du cheval rougeâtre (fig. 28). Pour A. Glory : tête de félin tournée vers la gauche (oreilles rondes, front et mufle).*

ourson), analogue à nos ours actuels (long de 2 à 3 m, pesant 150 à 780 kg et plus à l'orée de l'hiver). Sa fourrure brune, sa tête à front peu bombé (contrairement à celui des ours des cavernes, ses ancêtres), son mufle en truffe, ses oreilles rondes, ses mains et pieds à longues griffes courbes non rétractiles, à paumes et plantes équipées de pelotes élastiques, sa bipédie érigée occasionnelle sont bien connus de chacun de nous, pour ainsi dire dès notre enfance. On sait que l'ours, omnivore, a besoin d'un très large territoire. Il est très discret, hiberne l'hiver dans des cavernes (où naissent et vivent quelque temps les oursons), laissant sur l'argile ou le roc la trace de ses griffades. L'ours ne paraît pas avoir pénétré dans Lascaux et il serait bien naïf d'imaginer, pour la possession de la caverne, une lutte opposant les Magdaléniens à l'ours ou au lion...

A côté de tous ces animaux, que nous pouvons côtoyer encore maintenant dans la nature ou dans des parcs zoologiques, le rhinocéros dessiné à Lascaux est bien un animal disparu, un fossile. C'est un *rhinocéros laineux* des climats froids, à narines cloisonnées (cette cloison entre les narines est incomplète ou absente chez ses prédécesseurs). Peut-être est-il à l'origine des légendaires dragons. Il a disparu depuis des millénaires de la planète, mais nous le connaissons bien. Comme les mammouths, de nombreux rhinocéros laineux ont été découverts, avec chair, os et poils, congelés dans

(En pages précédentes)
28 — Diverticule axial. *Cheval rougeâtre (L = 3 m), au contour noir, qui paraît s'éloigner vers le fond de la galerie. Crinière et barbe vaporeuses, poitrail et encolure nettement délimités par un pochoir ; croupe et membres postérieurs un peu gauches. Devant lui, à nouveau, un signe ramifié. Au-dessous, une vire rocheuse ayant servi à caler les solives de l'échafaudage des peintres magdaléniens.*

l'extrême nord de la Sibérie. C'était un animal aussi imposant que les plus gros rhinocéros africains actuels (long de 3 à 4 m, haut à l'épaule de 1,5 m, pouvant peser jusqu'à 2 tonnes). La silhouette quelque peu biscornue des rhinocéros nous est familière, avec leur longue et étroite tête horizontale ou portée bas, leurs grandes oreilles, leur abdomen ballonné, leurs membres massifs et courts, leur queue grêle et, bien sûr, leurs deux cornes kératineuses (frontale, en épine de rosier, et nasale, pouvant dépasser 150 cm). Ce qui était très particulier chez le rhinocéros laineux, c'était une toison épaisse, faite d'une bourre laineuse noire, avec de longs jarres raides d'un noir rougeâtre tombant sur les flancs. Cette toison était particulièrement fournie au niveau du cou et des épaules, élevant encore la bosse graisseuse du garrot. On sait que les rhinocéros sibériens vivaient en solitaire ou en famille avec femelles et petits, dans la steppe, mais aussi dans les forêts de conifères dont ils broûtaient les branches de même que les feuillages bas des autres arbres. Ils vivaicnt surtout sur leurs réserves l'hiver. Ils ont disparu pour des raisons inconnues (comme leurs contemporains, les mammouths, non figurés à Lascaux).

Des hommes

LES PENDULES A L'HEURE

Lascaux, ce n'est tout de même pas la nuit des temps. Quelques chiffres, très arrondis, le montrent bien.

La vie (une petite algue bleue) apparaît sur notre planète il y a deux milliards d'années. Les dinosaures sont, eux, vieux de 200 millions d'années. Le premier homme (*Homo habilis,* qui fabrique les premiers outils) vivait en Afrique il y a 2 millions d'années. Les hommes sont en Périgord depuis 200 000 ans.

La caverne de Lascaux a été décorée par les hommes de Cro-Magnon il y a 17 000 ans. Seulement...

DES GENS COMME VOUS ET MOI

Les Cro-Magnon ont le même aspect physique que nous, la même intelligence (l'acquis culturel en moins). Ils connaissent, comme nous, le langage, le rire et les larmes ; ils ont, comme nous, des qualités et des défauts. Ils mènent, en pleine nature, une vie active et, pour la plupart, ce sont de jeunes gens.

Ce sont des hommes modernes et nous sommes tous des Cro-Magnon. A vrai dire, notre prédécesseur, l'homme de Néandertal, qui vivait près d'ici au Moustier par exemple, était déjà notablement évolué. Dans la langue des anthropologues, il était déjà *sapiens* (savant) ; nous, nous sommes des *Homo sapiens sapiens* : deux fois savants. Paraît-il.

Comme nous, les Cro-Magnon du temps de Lascaux ont une civilisation avancée et une vie sociale. Ils ne sont ni des brutes ni des clochards. Ils vivent dans de confortables huttes, bâties en plein air ou encore sous l'auvent des abris ou le porche des cavernes. Ils ont su, peu à peu, mettre au point des outils de silex (lames, lamelles, grattoirs, burins, perçoirs...) et des armes de chasse en bois de renne (pointes de sagaies, redresseurs de sagaies, et probablement le propulseur voire l'arc). Ils ne sont points vêtus de guenilles ; l'abondance des aiguilles à chas, retrouvées dans leurs demeures, témoignent de leur intérêt pour la couture. Ils disposent de temps libre : une vie de Magdalénien ne nécessite guère que quelques heures de travail par jour (préparation des outils, chasse, pêche...).

Ces hommes mènent, en famille (ou en groupe de familles), une vie de chasseurs semi-nomades : un camp de base, au centre du territoire de chasse, et des camps légers près des passages obligés des rennes (drailles de migration, gués, sources). Leur alimentation est carnée, à base de chair, de lard et de moelle osseuse de renne, agrémentée de végétaux sauvages. La chasse (et la pêche) est sans doute, comme pour tous les peuples, l'activité des hommes ; la cueillette probablement celle des femmes. En parfait équilibre avec le milieu.

(En pages suivantes)
30 — Diverticule axial. *La vache «qui saute» (L = 1, 70 m), face au grand taureau noir, est singulièrement animée ; pattes postérieures relevées en une position anatomiquement inexacte ; queue animée en un fouet sinueux. Devant elle : un signe quadrangulaire. Au-dessous : nombreux petits chevaux.*

31 — **Diverticule axial.** *Sous la vache qui saute : les célèbres «poneys». Ces cinq petits chevaux marchent en file sur un sol imaginaire (la corniche) vers l'entrée de la grotte. La queue de l'un d'eux s'insinue entre les pattes levées de la vache et la tête d'un congénère. L'assemblage d'un grand bovin et de petits chevaux est fréquente à Lascaux.*

32 — **Diverticule axial.** *Un des «poneys» (fig. 31). Sa silhouette n'est pas détaillée ; sa crinière est très redressée, sa queue épaisse et longue. Dans les irrégularités des zones peintes, petits cristaux de calcite.*

33 — **Diverticule axial.** *Au-dessus de la vache qui saute, sur la voûte de la galerie : tête d'un grand taureau noir, très semblable à celles de la Salle des Taureaux (fig. 2, 4, 5, 9 et 11). Noter l'inégale application du pigment sur les cristaux de calcite de la paroi.*

Toute technologie avancée —et celle du Paléolithique supérieur en est une— s'accompagne d'une transmission des informations techniques : les modes de taille du silex ou de débitage des bois de renne se répandent ainsi dans toute l'Europe. Les croyances, les rites religieux (sépultures, grottes ornées) ne se limitent point à notre région : l'homme est, comme on sait, un animal religieux.

Le Magdalénien ne connaît ni village ni démographie galopante, ni élevage ni culture. L'espérance de vie est courte, mais on ne connaît aucun témoignage de meurtre, de guerre, ni d'anthropophagie, à cette époque.

UN LONG APPRENTISSAGE

C'est Cro-Magnon qui a inventé le dessin sur les bords de la Vézère, il y a quelque 30 000 années. C'est là qu'un ou plusieurs hommes ont eu l'idée de tracer, pour la première fois, sur le plat d'un rocher, en deux dimensions, ce qu'ils voyaient dans la nature en relief, en trois dimensions : des animaux (souvent incomplets) et aussi des images de sexes de femmes ou d'hommes. Et ces premières œuvres de l'époque aurignacienne sont surtout des gravures vigoureuses sur des blocs de calcaire ou sur les parois des abris aujourd'hui effondrés.

Peu à peu, durant le Gravettien (il y a 20 à 25 000 ans environ), ces premiers artistes se sont enhardis, ont décoré la paroi de quelques petites grottes peu profondes et celle des abris qu'ils habitent (abris de Laussel, d'Oreille d'Enfer, du Poisson, près des Eyzies ; grotte de Pair-non-Pair en Gironde). Leur art a évolué : des silhouettes animales de moins en moins gauches, de plus en plus détaillées où la troisième dimension tend à apparaître grâce à des artifices de perspective, de rendu des volumes. Au Solutréen (il y a environ 18 000 ans, soit un millénaire avant Lascaux), de grands artistes sculptent, en de magistraux bas-reliefs, des animaux dont le style annonce celui de Lascaux (sites de la cave Pataud et du Fourneau du Diable en Dordogne, de Roc de Sers en Charente).

PEINTRES ET GRAVEURS DE LASCAUX

Lascaux se situe au terme de ce long apprentissage : il s'est écoulé autant de temps avant l'invention du dessin (il y a 30 à 35 000 ans) et Lascaux (il y a 17 000 ans), qu'entre Lascaux et nous.

Et cette caverne apparaît, à la lumière des lampes à suif, comme la première des grottes-sanctuaires profondes. Le décor de cette cavité est assez stéréotypé et cet agencement se retrouvera, avec de multiples variations (comme pour nos églises) tout le long du Magdalénien. Le plus souvent les chevaux et les bovins occupent les panneaux principaux, entourés des autres espèces. Les dessins d'hommes (rares et schématiques) et ceux des animaux terribles (félins, ours) sont souvent relégués dans les fonds des galeries. Des signes géométriques prennent place un peu partout.

Lascaux est la plus ancienne des cavernes profondes ornées, la plus originale aussi. Les grottes ornées seront, durant le Magdalénien qui suit, très nombreuses (une centaine) en France et en Espagne, très belles souvent, mais de style bien plus classique (Font de Gaume, les Combarelles, Rouffignac en Dordogne ; Niaux en Ariège ; Altamira en Espagne...). C'est durant cette période que se développera l'art des objets ou art mobilier. Lascaux apparaît donc, au début du Magdalénien, comme un coup d'essai et un coup de maître. Un peu comme un feu d'artifice où l'on commencerait par le bouquet.

Les peintres et les graveurs sont gens de métier, très probablement déchargés par le groupe des besognes quotidiennes. Des professionnels, aimait à nous dire le Pr André Leroi-Gourhan. On ne sait rien de leur habitat, mais on connaît bien désormais leur art, leurs techniques, leur vie de tous les jours.

Ils ont acquis patiemment une grande maîtrise du geste : une telle sûreté dans les traits gravés ou peints ne s'improvise pas. Les erreurs de tracé, les «repentirs», les erreurs de proportions sont rares. Ils connaissent les techniques de la peinture (traits et aplats plus ou moins colorés), l'usage du pochoir, celle de la gravure, incisant la roche. Ils inventent la gravure-peinture-gravure (en trois temps : esquisse gravée ; sujet mis en peinture ; contour et détails gravés sur ce fond). Ils savent cadrer les silhouettes animales, les faire évoluer sur des reliefs rocheux matérialisant un sol virtuel, jouer avec les proportions, mettre en place ces animaux dont les silhouettes nous apparaissent voisines, contiguës, tangentes, sécantes, voire plus ou moins confondues.

Mais ces artistes demeurent des chasseurs qui connaissent bien les détails de l'anatomie des bêtes (comme, par exemple, les bois des cervidés, le pelage des aurochs), leur comportement (les affrontements de bouquetins, les «clubs» de vieux cerfs ou de bouquetins mâles) et même quelques détails plus précis encore (tels le pelage d'hiver de certains chevaux, la mue de la toison des bisons, l'attitude croupe à croupe de ces derniers).

Ces observations animalières ne sont pas transcrites servilement par l'artiste. Les silhouettes animales sont reproduites, avec des déformations très originales —trucs d'artistes, manies d'atelier, conventions graphiques— que ces hommes viennent d'inventer et qu'ils appliquent systématiquement. On sait bien que Renoir ne peint pas les femmes comme Bernard Buffet et que les statues de Giacometti sont bien différentes de celle de Maillol.

De même les animaux de Lascaux ne sont pas des photographies de

*34 — **Diverticule axial.** De nombreux chevaux, complets ou incomplets, entourent la vache qui saute. Certains ont une robe très détaillée, ponctuée de cristaux de calcite, avec des poils sous le ventre, des crinières striées et des traits d'épaule.*

(En pages suivantes)

*35 — **Diverticule axial.** Bouquetins affrontés. L'un est dessiné en noir, l'autre, à marque de pelage sur le ventre, à l'aide de points jaunes alignés. Ce sont des bouquetins alpins mâles, à longues cornes superposées, barbe et queue courtes. Entre les deux : à nouveau, un signe rectangulaire. Au-dessus : les derniers chevaux entourant la vache qui saute.*

*36 — **Diverticule axial.** Bouquetin noir et petit cheval du fond de la paroi droite (détail de la fig. 35).*

leurs modèles vivants : les chevaux, les aurochs, les bisons, les cerfs ont un gros ventre (même les mâles), des membres courts et animés, des sabots comme vus du dessus (ronds ou ovales, fendus ou non) ; les têtes sont souvent petites, allongées ; le pelage est indiqué par un aplat pigmenté, parfois géométriquement disposé.

La perspective est soigneusement truquée : la tête et le corps des bêtes sont vus de profil, mais les cornes et le poitrail des bovins sont comme vus de trois quarts. Les deux bois des cerfs (de même que les cornes des bouquetins) sont dessinés l'un presque vertical, au-dessus de l'autre, incliné vers l'arrière.

Lascaux, c'est l'œil du chasseur et la main de l'artiste. C'est sans doute pour cela que cette caverne occupe une place singulière dans la trajectoire de l'art préhistorique. En somme : avant Lascaux, ce n'était déjà pas si mal ; après Lascaux, ce sera très bien fait ; mais à Lascaux, c'est beau.

*37 — **Diverticule axial.** Le fond de la galerie est une sorte de pilier rocheux que contourne à droite le méandre terminal. Le cheval rougeâtre (fig. 28) et le bouquetin noir (fig. 36) entourent le pilier sur lequel est peint le célèbre cheval «renversé». La voûte forme un chenal naturel.*

*38 — **Diverticule axial.** Le cheval «renversé» (L = 2 m environ) est en train de tomber. Ses oreilles rabattues en arrière montrent sa peur et son agressivité. L'arrière-main, parfaitement dessinée sur un plan différent pourtant, n'est pas visible ici. Autour : trois chevaux et deux grands signes ramiformes.*

*39 — **Diverticule axial.** Ces deux chevaux regardent le cheval «renversé». Celui du haut, à la tête mince, sans membres postérieurs ni abdomen, évite de ses antérieurs la tête de son congénère. Celui du bas est complet avec toutes les conventions des chevaux de Lascaux. A ses pieds : une ligne de points.*

*41 — **Diverticule axial.** Avant dernier cheval du méandre terminal. Sa robe est rayée. Sa tête s'insinue sous la queue dressée du bison.*

UN ART RELIGIEUX, UNE CAVERNE SANCTUAIRE

Tout le fond mythologique du Magdalénien est ici présent avec ses héros : la diade fondamentale (chevaux et bovins), la hiérarchie des autres bêtes, l'homme et les signes géométriques. Mais il y a bien plus.

A chaque pas ou presque est figuré le leitmotiv de la grotte : il associe un grand bovin et des petits chevaux. Il nous rappelle que Lascaux est tout autre chose qu'une exposition d'art animalier décentralisée en province.

Les animaux s'organisent, se répartissent en fonction de l'aspect même de la caverne, du dispositif souterrain préalable : frise peinte en rotonde dans la Salle des Taureaux, avec opposition des deux moitiés, droite et gauche ; décoration séquentielle du couloir du Diverticule Axial, mais avec des vaches rouges empiétant sur le plafond, en une sorte de rosace, et un cheval «tombant» au fond de la galerie ; petites gravures du Passage et de l'Abside en désordre apparent, en palimpsestes qui furent sans doute toujours difficiles à déchiffrer ; gravures-peintures-gravures et peintures, alignées ou non, de la Nef ; dessins au trait noir du Puits (scène homme-bison) ; gravures plus ou moins enchevêtrées de l'étroite Galerie des Félins.

En d'autres termes, une grotte de 250 m de développement, décorée d'un ensemble peint majestueux (proche de l'entrée), d'un fouillis de gravures (dans une galerie contiguë, de nouvelles frises gravées et/ou peintes (un peu plus loin), avec deux petites galeries étranges, l'une peinte, l'autre gravée et peinte.

Sur la paroi, les animaux se côtoient ou se confondent en tout ou partie, sans respect des proportions des espèces, sans relations évidentes entre eux, hormis de rares scènes éthologiques : bisons croupe à croupe, affrontement de bouquetins, clubs de cervidés et de bouquetins. Un peu comme les mots extraits d'un

(En pages précédentes)
*40 — **Diverticule axial.** Dans l'étroit méandre terminal, face au cheval renversé : bison rouge à bosse énorme et queue levée, suivi de deux chevaux.*

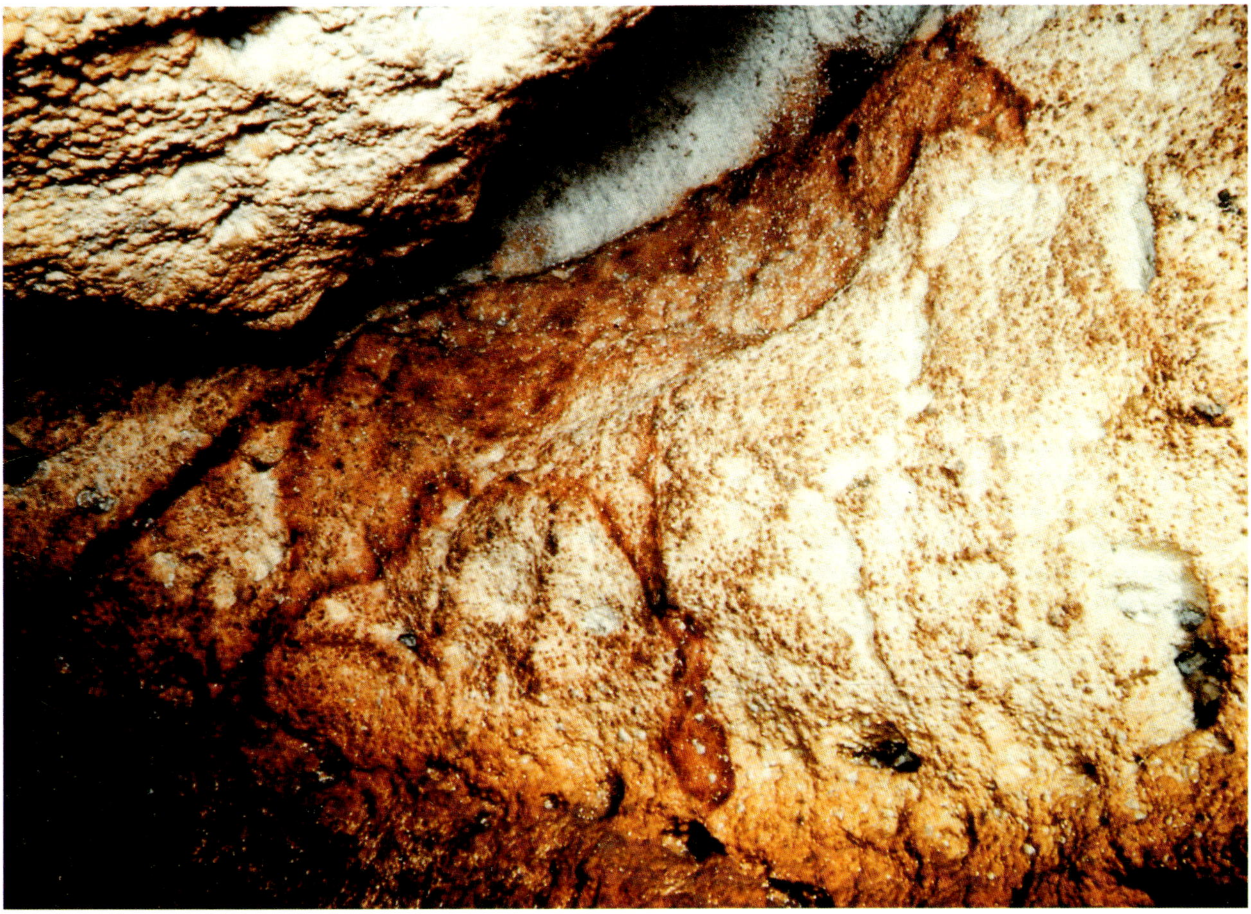

*42 — **Diverticule axial.** Dernier cheval du méandre terminal. Sa silhouette malhabile suit la voûte plongeante de la galerie.*

dictionnaire, sans syntaxe ni ponctuation évidentes. La seule scène narrative est celle du bas du Puits ; un homme étendu est opposé à un bison lui-même blessé (avec des détails annexes). Assemblage inhabituel en ce lieu écarté.

Les signes, nombreux, complexes et variés, ajoutent encore à cette étrangeté. Ils sont partout et on peut les regrouper en trois grandes catégories : des signes pleins (rectangles, ovales...), représentant assez probablement des symboles féminins ; des signes minces (bâtonnets avec ou sans expansion(s) latérale(s), qui ont sans doute une signification masculine ; et des ponctuations, dont on ne sait rien. Certains signes sont très particuliers à Lascaux et aux rares grottes de ce temps (rectangles de Lascaux, Gabillou et Villars) et sont comme des marqueurs ethniques. D'autres, rares ici, sont des signes habituellement observés en Ariège ou en Espagne (signes en forme de massue ou claviformes). Mais la signification de tous ces signes demeure inconnue, même si l'on sent qu'à Lascaux, les hommes, comme nous le signalait A. Leroi-Gourhan, «étaient passés très près de l'écriture». Après tout, un de nos signes actuels —cœur percé d'une flèche, simple croix ou panneau de sens interdit— serait-il intelligible pour quelque extra-terrestre ou même pour un des derniers «primitifs» de notre planète ?

Il est encore d'autres étrangetés : la faune figurée à Lascaux (chevaux, aurochs, bisons, cerfs, biches, bouquetins, ours, rhinocéros) n'est pas celle que les Magdaléniens chassaient et consommaient, et dont on a retrouvé les restes osseux dans le sol. Leur gibier était avant tout le renne. Et, sur les parois, parmi les quelque 600 peintures et 1 500 gravures de la grotte : une seule figure de renne, et encore n'est-elle pas très sûre. De quoi attrister tous ceux qui pensaient que l'art pariétal était un art magique, qu'il suffisait de dessiner sur un mur quelques silhouettes animales, d'exécuter devant elles quelques danses, au rythme des mélopées des flûtes d'os, pour faire bonne chasse. Pas si simple...

Et à côté de tout ce que l'on voit, il y a tout le non-dit, le non-figuré. A Lascaux, comme dans les autres grottes ornées, pas de sol, pas de paysage, ni plantes, ni arbres, ni rochers, pas d'objets (sauf peut-être un propulseur et une sagaie dans la scène du Puits), pas de petite faune. Sauf deux exceptions, les quelques animaux, apparemment percés de sagaies, ne paraissent point souffrir de leurs blessures.

Ce lieu de culte que fut Lascaux a assurément été très fréquenté : les nombreux objets abandonnés (dont plus d'une centaine de lampes), le piétinement du sol, les traces d'utilisation (frottements, traits plus ou moins inattendus), sur les parois gravées, en témoignent. Les artistes se sont commodément installés pour travailler : mâts d'escalade ou échafaudages perfectionnés (dont nous avons relevé les traces) ; jonchée de graminées et d'armoises dans le Passage, où ils étaient obligés de s'asseoir pour peindre.

Tous ces éléments démontrent que l'art de Lascaux était bien au service d'une véritable religion, organisée et collective, et non de pratiques magiques, toujours plus ou moins marginales éphémères, et individuelles. On a parlé aussi à tort de sorcellerie, cette magie noire qui fait appel aux esprits du Mal («tant il est utile à certains de chercher, dans des mots vides d'un sens précis, les précisions que les figures n'apportent pas» disait André Leroi-Gourhan).

Lascaux est bien plus une cathédrale, avec nef et bas-côtés, que l'antre enfumé d'un magicien ou d'un sorcier. Mais des motivations religieuses n'excluent par les préoccupations esthétiques (voire les arrière-pensées magiques), tout l'art de nos cathédrales gothiques le montre bien.

Lascaux, par sa complexité, par son homogénéité graphique, symbolique et archéologique, apparaît bien, aujourd'hui, comme l'œuvre de quelques professionnels de la foi, issus d'une ou plusieurs familles magdaléniennes, durant une ou plusieurs générations.

UN THEATRE ETEINT

Dès la découverte de la caverne en 1940, puis lors de l'excavation du sol pour permettre le passage des gaines de ventilation, de nombreux objets ont été remarqués, collectés. Lascaux, curieusement, n'a pas fait l'objet de fouilles véritables (sauf une, très limitée, dans le Puits), et le sol a été bouleversé par les travaux d'aménagement. Les objets, abandonnés par les Magdaléniens, forment un extraordinaire bric-à-brac, aujourd'hui dispersé dans de multiples collections, mais dont l'ensemble a pu être étudié grâce l'obstination d'Arlette Leroi-Gourhan et de son équipe. Il permet de reconstituer

43 — Passage. *Chevaux finement gravés sur la voûte de la galerie. Ils ont tous le même style, mais des attitudes très variées (membres repliés, parfois de façon anormale, tête fléchie...). Certains ont des queues excessivement longues (relevé A. Glory).*

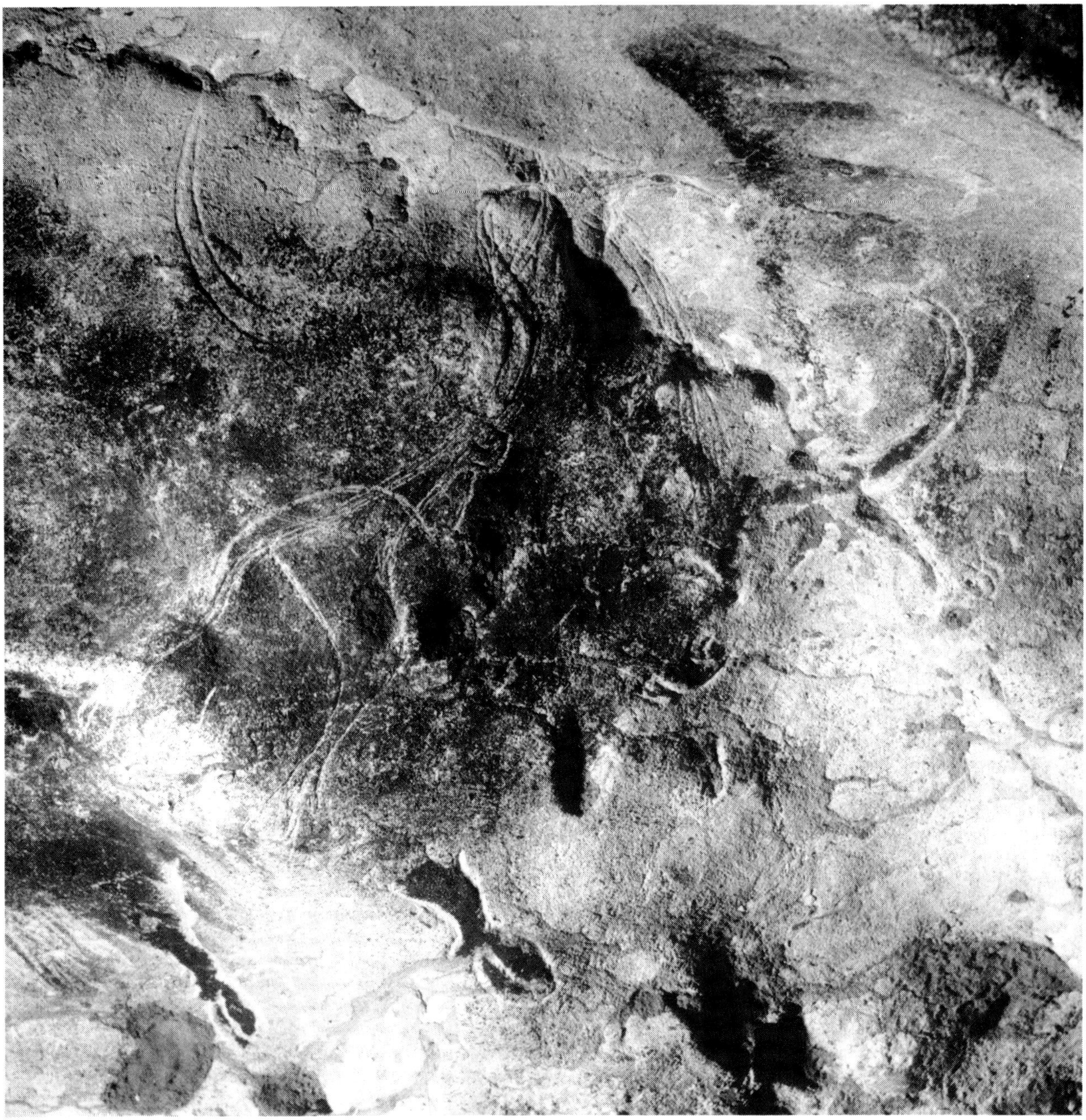

*44 — **Panneau de l'Empreinte (Nef).** Entrecroissement de trois bisons. Les avant-trains des deux premiers, dirigés vers la droite, sont décalés légèrement l'un par rapport à l'autre. Les têtes sont minutieusement gravées avec les détails des yeux, des naseaux, des barbes et des cornes en lyre (comme vues de face). Recoupant la deuxième tête de bison, la croupe gravée d'un troisième animal, dont on suit facilement la patte postérieure. Noter les sabots ovales fendus.*

la vie des artistes et des visiteurs préhistoriques de Lascaux.

La caverne n'était pas un habitat, mais durant les passages et les séjours des hommes, de nombreux objets sont tombés de leurs mains ou ont été abandonnés sur les banquettes du rocher et, surtout, sur le sol, où des sédiments les ont recouverts peu à peu. La couche archéologique ainsi formée est unique, dépouvue de ces niveaux superposés que l'on observe dans les abris longtemps habités. Elle est homogène, à fleur du sol, protégée par quelques centimètres de sable, d'argile ou de calcite. La grotte elle-même a été scellée, peu après le passage de ces anciens Magdaléniens, par l'effondrement de la voûte du porche.

*45 et 46 — **Panneau de la Vache noire (Nef).** Cette grande vache noir rougeâtre, au contour rehaussé d'un trait de gravure (L = 2,15 m) domine toute une série de petits chevaux eux aussi peints et gravés ou gravés seulement. Le dessin de la vache est typique de l'art de Lascaux. Quelques détails particuliers : cor-*

*47 — **Panneau de la Vache noire (Nef).** Deux chevaux peints et gravés se font face. Leurs crinières sont striées. Leurs oreilles sont dressées sur le sommet de la tête (détail de la fig. 45).*

nes à extrémités noires ; petit trait en avant du mufle (souffle ?) ; croupe proéminente ; pattes courtes, grêles, terminées par des sabots à deux onglons, étroits et allongés (comme ceux des cerfs) ; double ligne de ventre. Les sabots des chevaux de gauche sont ovales, à droite ils sont circulaires.

48 — Panneau de la Vache noire (Nef). *Les pattes postérieures de la vache noire s'appuient sur deux grands signes rectangulaires cloisonnés (dits «blasons»), peints en «patchwork», au contour gravé, suivant une technique en trois temps, régulièrement employée dans cette galerie : ébauche gravée ; aplat de pigment ; traits soulignant en clair les contours et les détails à mettre en valeur. A gauche : un autre signe rectangulaire cloisonné (détail des fig. 45 et 46).*

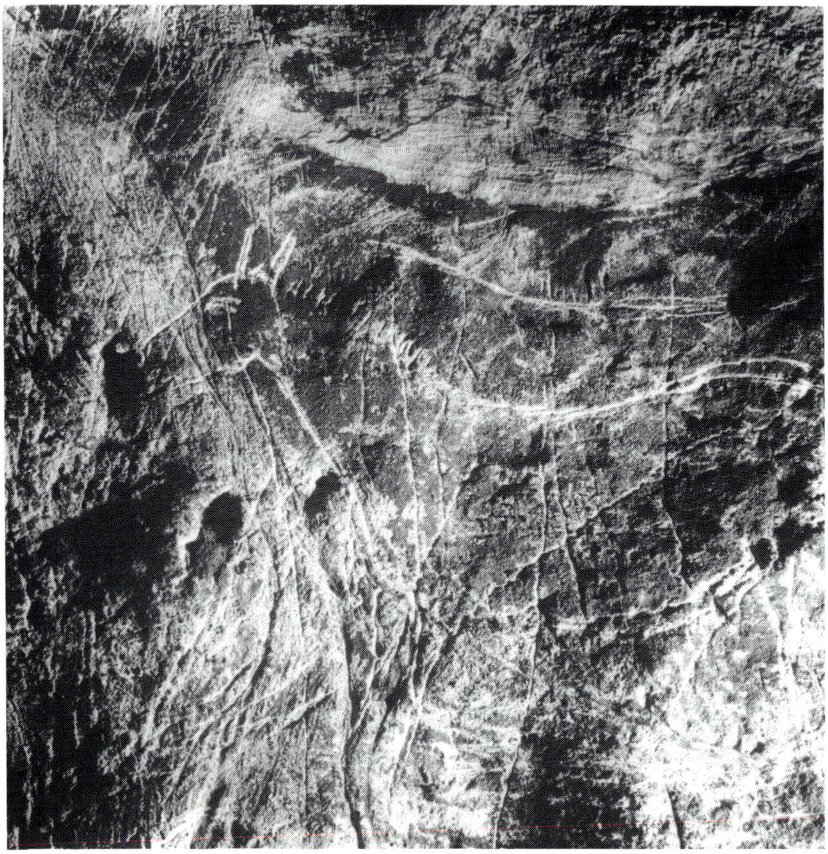

*49 et 50 — **Panneau de la Vache noire (Nef).** Au milieu des traits gravés, se détache, sur l'épaule d'un grand équidé, le contour d'un petit cheval (le poulain et sa mère ?). L'arrière-main de la jument est minutieusement peinte et gravée : postérieurs terminés par des sabots ovalaires surmontés par un ergot ; membre gauche séparé du ventre par une zone blanche, comme sur les peintures (fig. 3, 22, 23 et 28 par exemple). Deux chevaux la suivent, eux aussi peints et gravés, l'un au-dessus de l'autre (détail de la fig. 45).*

Nous savons que ces objets appartenaient aux artistes eux-mêmes pour deux raisons : la couche contient aussi les instruments et ingrédients dont ils se servaient (silex des graveurs, aux angles usés par le frottement sur la roche ; pigments en crayons ou en poudres ; palettes ; broyeurs) ; en outre, certains objets de cette couche sont décorés de signes très particuliers à l'art des parois de Lascaux (signes faits de doubles chevrons emboîtés, sur une lampe en grès et sur une pointe de sagaie ; signe en étoile à six branches, centrée par un point, sur une sagaie).

Par leur aspect technique les silex sont bien ceux que l'on utilisait au Magdalénien ancien, de même que les sagaies, très sobrement décorées.

Et dans la même couche du sol, les pollens (et les résidus de bois) correspondent bien à ce réchauffement du climat (l'interstade de Lascaux) que l'on retrouvera dans d'autres gisements, tandis que les charbons de bois sont parfaitement datés, par le radiocarbone, d'il y a 17 000 ans.

*51 — **Panneau de la Vache Noire (Nef).** Deux têtes de chevaux, peints et gravés l'un derrière l'autre, émergent de la croupe de la vache noire. Leur silhouette gravée peut être suivie en partie à l'intérieur du corps du bovin (détail de la fig. 45).*

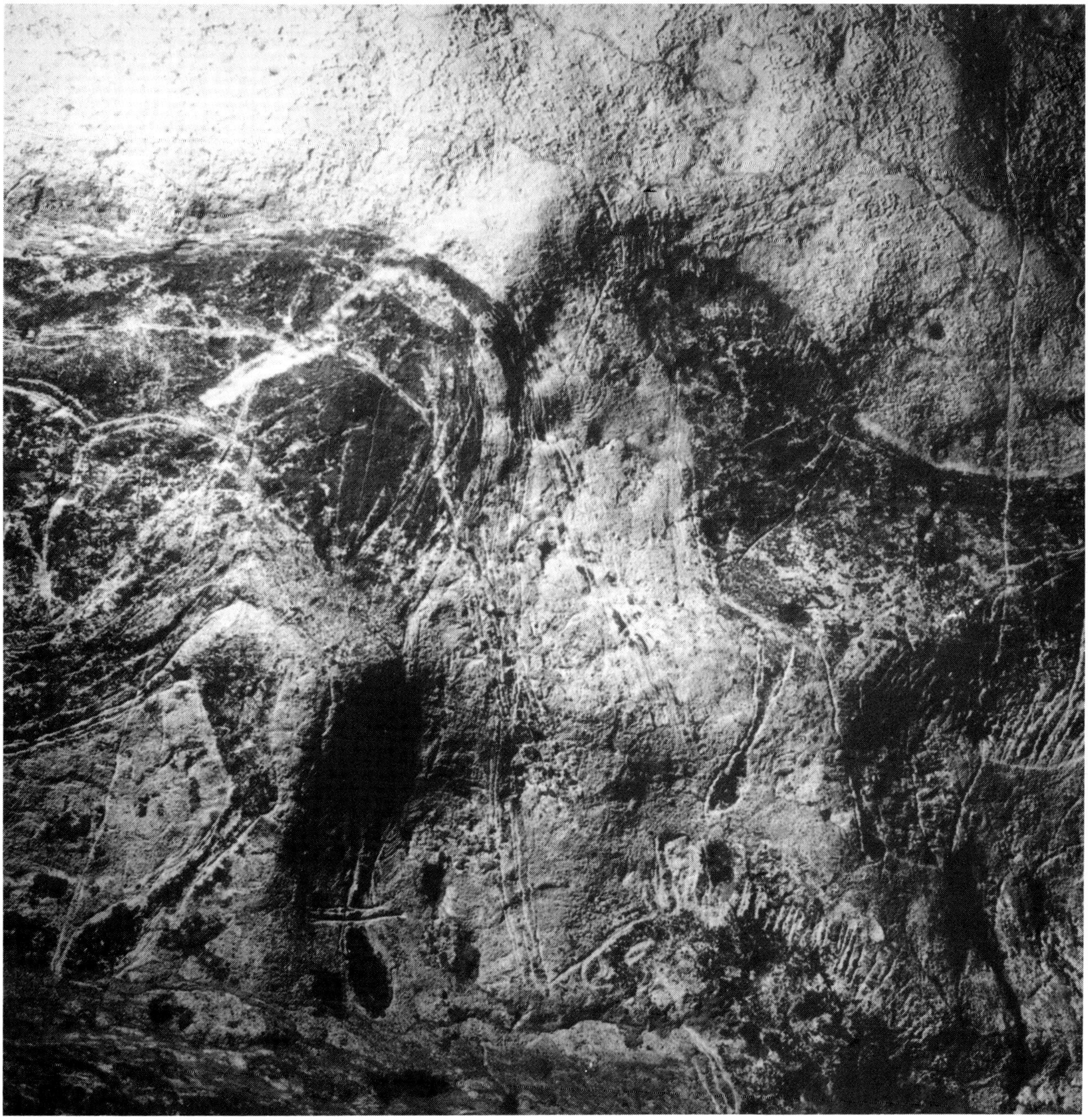

(En pages suivantes)
52 — Panneau des cerfs (Nef). *Quatre têtes de cerfs mâles, âgés (H = 1 m environ pour chacune), dessinées au trait noir de manganèse, suivies d'une cinquième dessinée à l'argile, composent une frise de 5 m de long. Comme dans la Salle des Taureaux, une oreille est fichée dans la nuque, mais ici l'autre est curieusement implantée dans la face latérale du cou. Les bois aux ramures très fournies sont traités comme il est habituel à Lascaux (une perche plus ou moins verticale et l'autre oblique en arrière). Sous l'oeil, le larmier n'a pas été oublié. Les têtes ont toutes des attitudes différentes : on a pensé que ce groupe passait une rivière à gué.*

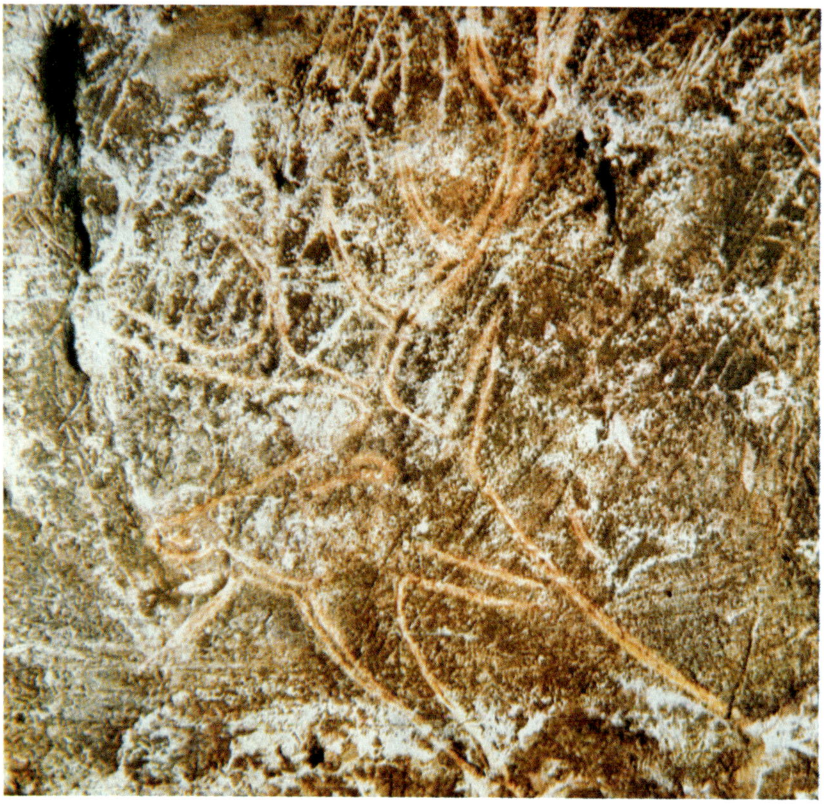

53 — Bisons croupe à croupe (Nef). *Toutes les conventions de style et de perspective de Lascaux sont réunies sur ces deux bisons mâles, aux queues redressées : corps massif ; membres courts et animés ; sabots vus de face ; mise en évidence du second plan par des bandes sans pigment (pattes, croupes). Le pelage de l'un est interrompu par la mue printanière. L'attitude de ces animaux s'observe dans la nature.*

54 — Abside. *Tête de cerf mâle (H = 0,40 m environ), aux bois très armés (une perche rejetée vers l'avant, l'autre vers l'arrière). Comme sur les cerfs de la Nef, une oreille est plantée dans la nuque, l'autre est plaquée bas sur le cou. Le trait gravé incise une surface rocheuse naturellement colorée et se lit aisément. Tout autour existe un enchevêtrement de figures gravées bien plus difficiles à déchiffrer.*

FLASH BACK

Essayons de reconstituer ce qui s'est passé à Lascaux.

Les lampes à suif projettent sur les parois une *lumière tremblottante*, mais qui permet d'aller et de venir, de travailler. L'air sent un peu le graillon. Une des lampes est une épaisse cuillère, finement polie, façonnée dans un grès rouge venant de l'actuelle Corrèze (on connaît le petit village de Collonges-la-Rouge) ; une autre est un petit bloc de calcaire local minutieusement creusé en cuvette à l'aide d'un pic de silex. Ces lampes fonctionnaient un peu comme les lampes à huile de l'ancien temps, la mèche végétale trempant, comme en circuit fermé, dans la graisse fondue.

La plupart des autres lampes — plus de cent— sont de simples dallettes calcaires, grandes comme une ou deux mains. Elles sont naturellement plates ou à peine creuses, et n'ont point été modifiées. Les stigmates de combustion qu'elles portent (surface rougie et noircie) et l'expérimentation nous ont montré qu'elles fonctionnaient en circuit ouvert, comme une bougie : un morceau de suif sert de combustible, un petit fagot de brindilles vite carbonisées devient une mèche qu'imbibe la graisse fondue. Ce système auto-entretenu éclaire à peu près comme une de nos bougies (la flamme fait fondre le suif et la graisse produite alimente la mèche). C'est du genévrier qui était utilisé comme mèche, comme l'ont montré les analyses des particules charbonneuses que nous avons prélevées sur ces lampes.

Graver, c'est inciser la paroi grenue, sableuse, à l'aide d'un silex coupant. Le trait obtenu est fin, à section triangulaire, plus ou moins émoussé aujourd'hui. Ce ne sont pas des outils qui ont servi à cet usage mais des lames, de simples éclats. Quelques pièces (27 sur 403) portent, encore, au niveau d'un ou plusieurs angles, des traces d'usure comparable au doucissement obtenu en frottant une lame de silex sur la roche calcaire gréseuse. Les outils (grattoirs, burins, perçoirs), ne portent pas de telles traces, sauf un burin. Certaines lamelles sont de petits triangles isocèles ; d'autres étaient emmanchées et conservent encore les traces du mastic de fixation, fait probablement de résine et d'argile. L'usage qu'on faisait de ces lamelles à Lascaux est inconnu.

Les peintres extraient les *pigments* du sol de la grotte ou des environs. Une grande quantité de poudres colorées et plusieurs dizaines de petits blocs de pigments ont été retrouvés. Des stries montrent que ces derniers servaient de «pastels» ou étaient raclés pour obtenir de la poudre. Les oxydes de fer fournissent le rouge (hématite), du jaune rouge au brun rouge foncé, les jaunes (goetite et argile de la grotte), du jaune pâle au brun vif ; le bioxyde de manganèse, l'oxyde de fer noir et le charbon minéral donnent les pigments noirs, du gris olive au noir profond ; la calcite broyée devient une poudre blanche. Tous ces minéraux, mêlés à une charge de sable ou d'argile, sont broyés au mortier, liés avec de l'eau de la caverne. Sur la paroi, ils sont appliqués au doigt, au pinceau de fibres végétales ou de poils, au tampon de fourrure. La pulvérisation des poudres à la bouche ou à l'aide d'un tube d'os —dont parlaient souvent aux touristes les guides de la grotte— n'a sans doute pas souvent été pratiquée.

Eclairés, munis de leur matériel, les artistes se trouvent au pied du mur. Les œuvres de Lascaux sont, pour la plupart, haut situées, volontiers semi-plafonnantes, hors de la portée de la main. Un véritable plancher équipait le Diverticule Axial, surélevant le sol : nous en avons retrouvé les traces (trous de poutre ou vires d'appui), sur les parois. Dans d'autres galeries de la grotte (Salle des Taureaux, Nef), les artistes ont dû utiliser des troncs sommairement ébranchés ou encore escalader en s'aidant des reliefs de la paroi. Ces divers *échafaudages* étaient certainement confortables et solides, en bois de chêne comme le montre l'examen microscopique des menus fragments conservés, et il est expérimentalement possible, avec des outils de silex, de couper des baliveaux de dix centimètres de diamètre. Des vestiges d'une cordelette ont été trouvés près d'un des petits gouffres de la grotte.

On ne sait pas exactement qu'elle était la tenue vestimentaire des Magdaléniens de Lascaux, mais on connaît une partie des objets qu'ils portaient sur eux. Des *objets de parure*, faits de fossiles et de coquillages, percés parfois d'une fente sciée pour la suspension : c'est une vraie collection préhistorique d'une quinzaine de coquilles provenant soit du calcaire local ou de sites fossilifères du Sud-Ouest, soit des plages de l'Atlantique voire de la Méditerranée, où ils furent ramassés puis rapportés à Lascaux, sans doute par étapes et de tribu à tribu. Ce goût pour la parure, pour la collection, n'est pas nouveau : Néandertal l'avait déjà. Mais ce qui est inattendu ici, c'est un faux coquillage, petit ovoïde de pierre, orné de stries gravées imitant les spires. Au fond, l'ancêtre de nos bijoux en toc.

Le séjour prolongé dans la caverne rendait nécessaire la prise d'aliments ; des ossements animaux, reliefs de ces repas, ont été extraits de la couche archéologique de la Nef et du Diverticule Axial, qui étaient un peu comme des *aires de pique-nique*. Neuf fois sur dix, il s'agit d'os

(En pages suivantes)
***55 — Les dessins du Puits** (L = 2,50 m au total) occupent une paroi du recoin le plus profond de la cavité. Par exception, c'est une scène narrative : un bison éventré par une longue sagaie, perdant ses entrailles, fonce vers un homme renversé (silhouette rudimentaire, tête d'oiseau, mains à quatre doigts, sexe érigé). Le bison, très raide, est animé par deux détails : inclinaison artificielle de la tête et queue en fouet. Au-dessous, deux signes barbelés : l'un, peut-être un propulseur, est sommé d'un exceptionnel oiseau. A gauche de l'homme : une double série de ponctuations et un rhinocéros laineux, dont le lien avec la scène n'est pas évident.*

*56 — **Puits.** Rhinocéros laineux (détail de la fig. 55), dessiné avec un trait noir, épais. La patte avant, le fanon et la ligne de ventre striée de jarres sont esquissés d'un trait léger. Nombreux détails : deux cornes, oreille plantée sur le front ; oeil petit et queue dressée ; pattes postérieures en perspective grâce à une réserve non colorée. Au-dessous de la queue : un signe fait de six points (même signe, rouge, au fond de la Galerie des Félins).*

*57 — **Puits.** Cheval incomplet, au tracé imprécis mais analogue à ceux de ses congénères gravés et peints dans les autres parties de la grotte. Il fait face à la scène homme-bison (fig. 55).*

de renne, dans de rares cas de chevreuil, de sanglier ou de lièvre, une ou deux fois seulement de cheval ou de cerf. Pas de bovin. Les rennes consommés étaient des jeunes (un à trois ans) et avaient été abattus au début de l'hiver, lorsque le troupeau, qui avait séjourné en été sur les pentes du Massif central, était de retour sur les bords de la Vézère.

Voilà. Pour le moment, on n'en sait pas plus, et le préhistorien moderne se refuse à laisser vagabonder son imagination. Nous ignorons notamment pourquoi on a trouvé, un peu partout à Lascaux, tant de pointes de sagaies, cassées, simplement décorées, par gravure, de doubles chevrons emboîtés, d'une étoile à six branches, d'une croix de Saint-André allongée ou d'un simple trait horizontal. Dans ces rainures (de même que dans les spires d'un coquillage) demeurent quelques traces de pigment rouge, provenant des poudres des peintres ou peut-être de l'ocre rouge qui tannait les fourrures ou colorait la peau des hommes.

*58 — **Lampe en grès rose** (L = 22,4 cm), minutieusement façonnée en une sorte de cuillère. Elle fonctionnait en circuit fermé, comme une lampe à huile. La mèche a laissé des résidus charbonneux : c'était du genévrier. Les signes en chevrons doubles emboîtés, gravés sur le manche, sont semblables à ceux des parois de la grotte.*

Les objets de Lascaux permettent donc de connaître l'activité des peintres ou des graveurs (les autres grottes ornées ne recèlent habituellement pas de tels indices). Grâce à ces vestiges, on situe bien, dans le temps, la décoration de la caverne, avec son style graphique et ses signes géométriques particuliers. Style original, inconnu des préhistoriens avant 1940 : les gisements n'avaient fourni aucun objet décoré comparable ; les quelques grottes ornées probablement contemporaines (Gabillou, Villars et l'entrée de Saint-Cirq) furent découvertes après Lascaux.

QUATRE GARÇONS, DES SAVANTS, DES TECHNIQUES

Le miracle de la découverte de Lascaux a été souvent conté. Nous devons la révélation de cette merveille à l'obstination d'un jeune homme montignacois de 17 ans, Marcel Ravidat. Le 8 septembre 1940, il avait découvert, dans le coteau au-dessus de Montignac, avec quelques camarades et un chien, un petit effondrement naguère mis au jour par la chute d'un grand arbre. Quelques jours plus tard, le jeudi 12 septembre, il reviendra, muni d'une lampe à pétrole et d'un grand couteau, tous deux de sa fabrication, pour désobstruer cette entrée et se glisser sur un cône d'éboulis argileux. Il est alors accompagné de trois autres garçons (Georges Agnel, Simon Coencas et Jacques Marsal). Il dégringole et prend pied, vite rejoint par le reste de l'équipe, dans ce que nous nommons la Salle des Taureaux. C'est à une vingtaine de mètres de là, dans le Diverticule Axial, qu'à la lumière fuligineuse de leur lampe, les jeunes inventeurs aperçurent les premières peintures. Ils allèrent ensuite de découvertes en découvertes et, le lendemain —un vendredi 13— Marcel Ravidat, à la force des poignets, descendra à la corde dans le petit gouffre de cinq mètres de profondeur, appelé Puits.

Le vieux maître des garçons, l'instituteur Léon Laval, fut prévenu quelques jours après. Les jours suivants virent l'arrivée de l'abbé Henri Breuil, alors considéré comme le «pape» de la Préhistoire, que suivirent de nombreux préhistoriens et une grande foule de visiteurs. Malgré cette affluence, nul dégât ne fut à déplorer grâce à l'attentive surveillance des quatre jeunes gens, et la plupart des objets accessibles furent collectés et mis à l'abri.

Les premières descriptions des œuvres pariétales furent l'œuvre de F. Windels et d'A. Laming-Emperaire, puis de l'abbé H. Breuil. Elles concernaient surtout les peintures. A. Leroi-Gourhan a donné ensuite, en quelques pages, une étude d'ensemble de la caverne.

Mais il fallut attendre près de quarante années, après la découverte de 1940, pour que soient publiés d'une part les laborieux relevés graphiques des gravures par l'abbé A. Glory (1 500 unités graphiques, plus de 115 m de calques), commentés par D. Vialou, et le résultat des études

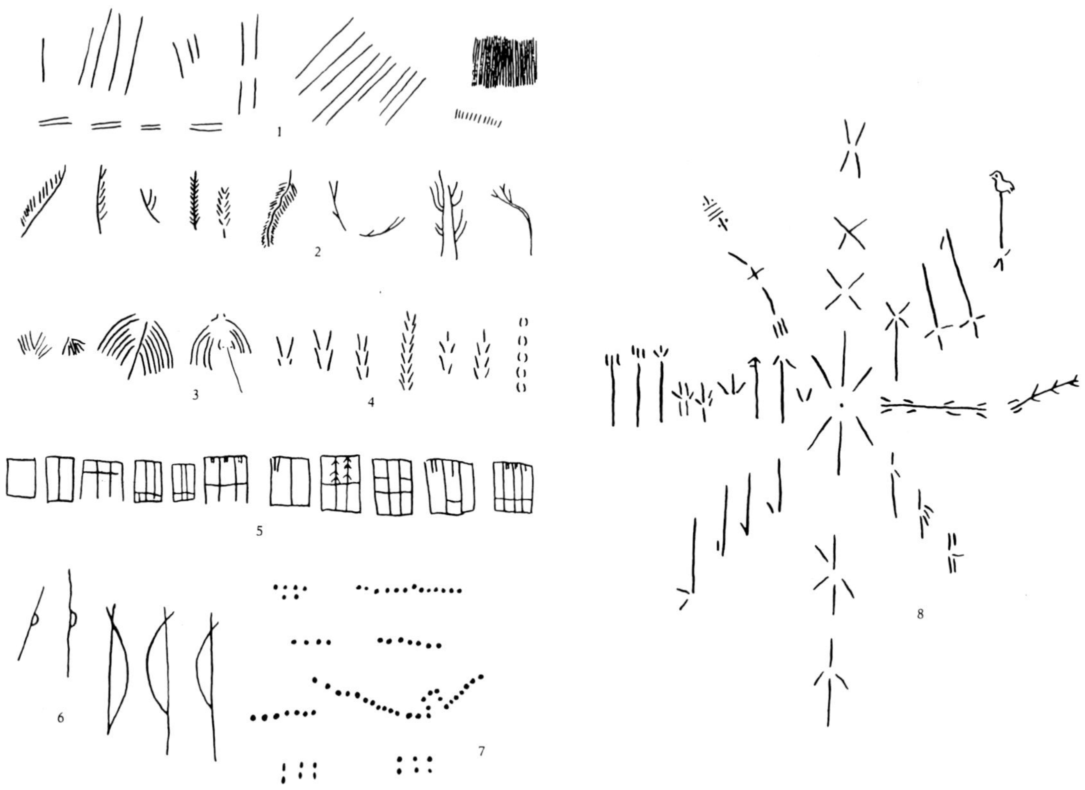

*59 — **Ce tableau résume les divers types de signes rencontrés à Lascaux (400 au total)** : 1, bâtonnets uniques ou mutiples, parallèles ; 2, signes ramiformes ; 3, signes en éventail et «en hutte» ; 4, signes emboîtés ;. 5, signes quadrangulaires ; 6, signes claviformes ; 7, ponctuations diversement groupés ; 8, signes paraissant dériver du signe en étoile (ici au centre) (d'après A. Leroi-Gourhan).*

scientifiques, menées par une équipe pluridisciplinaire où nous travaillâmes tous sous la direction d'Arlette Leroi-Gourhan, portant sur la géologie de la caverne, sa stratigraphie, les diverses analyses des sédiments (radiocarbone, bois, pollens), ses vestiges de silex et de matière osseuse, ses lampes, ses coquillages, sa faune, ses colorants, les conditions d'accès à ses parois. C'était une véritable découverte scientifique de la grotte.

LES SENTIERS DE LA GLOIRE

Lascaux, caverne close, descendante, balayée par de lents courants d'air, était en 1940, mise brusquement en contact avec l'air extérieur. L'exploitation touristique de la cavité, à partir de 1948, y fit entrer, en une quinzaine d'années, plus d'un million de visiteurs. On avait pris — croyait-on— toutes les précautions pour que cet afflux n'entraînât point d'altération des œuvres pariétales. Quelques gouttes d'eau colorée tombant de la voûte du Diverticule Axial en 1955 firent installer au marteau-piqueur, en 1958, les conduits d'une lourde machinerie de ventilation et de régénération de l'air. Mais il est des remèdes pires que le mal et Lascaux allait, comme on dit, en voir de presque toutes les couleurs. Vers cette époque M. Ravidat remarquait les premiers signes de la «maladie verte», due à des colonies végétales se disséminant peu à peu dans cet air chaud, humide, sous un éclairage quasi permanent.

La grotte dut être fermée en 1963 et décontaminée, sans grandes difficultés ni dégâts, par des pulvérisations d'antibiotiques et de formol dilués. C'est alors qu'un nouveau mal, la «maladie blanche», fut diagnostiqué : des cristaux de calcite tendaient à proliférer, favorisés par l'élévation de température, d'humidité et de gaz carbonique entraînée par les visites touristiques. Il n'y avait pas ou guère d'altérations visibles à l'œil nu, mais, à terme, cette calcite risquait de masquer les peintures.

La cavité fut isolée de l'extérieur et, après des études longues et onéreuses, un dispositif thérapeutique simple fut mis en service : refroidissement de la température de la grotte par un point froid proche de l'entrée (rétablissant les courants d'air primitifs de l'axe Salle des Taureaux - Diverticule Axial, favorisant la condensation au niveau de ce point et non sur les parois), récupération et évacuation du gaz carbonique (naturellement produit dans la cavité) et des eaux d'infiltration. Le maintien à un niveau constant des paramètres (température, humidité et CO^2 de l'air) n'autorise guère que la visite de cinq personnes par jour. On pense que ces mesures permettront de conserver intacte la décoration de la grotte.

La fermeture de Lascaux à la visite touristique explique le succès remporté par les fac-similés des galeries peintes. En 1980 une reconstitution de la Salle des Taureaux par procédé photographique (transfert de photographies couleurs, grandeur nature, sur un support modelé à l'image de la salle) fut présentée ; elle est actuellement exposée au musée des Antiquités nationales de Saint-Germain-en-Laye. En 1983 un fac-similé fut achevé sur place, tout près de la grotte : Lascaux II. Dans un grand blockhaus de béton, c'est une coque en ferrociment dont la couche interne a été modelée exactement comme la Salle des Taureaux et le Diverticule Axial. Sur ce fond reconstitué, les peintres ont reproduit, le plus exactement possible, les figures et les signes, en usant des matériaux qu'employaient déjà les Magdaléniens. L'ensemble, climatisé, est précédé d'un petit musée où nous avons présenté l'environnement archéologique et historique, les éléments de datation, les principales données graphiques et stylistiques, qui permettent de mieux comprendre Lascaux. A quelques kilomètres de là, le Centre d'initiation à l'art préhistorique du Thot expose au visiteur les étapes de la construction de ce Lascaux II et lui fait découvrir la copie de la scène du Puits, ainsi que des animaux vivants (chevaux, aurochs, bisons et, peut-être un jour, rennes et bouquetins).

On ne cherchera pas ici à comparer Lascaux et ses fac-similés. Disons simplement que l'ensemble Lascaux II - Le Thot propose au visiteur des informations plus abondantes et mieux présentées que ne le faisait la visite touristique de la vraie grotte de Lascaux.

Brigitte et Gilles Delluc
U.A. 184 du C.N.R.S.,
Musée de l'Homme, Paris.

Bibliographie

Quelques livres de référence

LEROI-GOURHAN Arl., ALLAIN J. et BALOUT L., BASSIER C., BOUCHEZ R., BOUCHUD J., COURAUD C., DELLUC B et G., EVIN J., GIRARD M., LAMING-EMPERAIRE A., LEROI-GOURHAN A., SARRADET M., SCHWEINGRUBER F., TABORIN Y., VIALOU D., VOUVE J. (1979) ***Lascaux inconnu,*** *12e suppl. à Gallia-Préhistoire, Ed. du C.N.R.S., Paris, 381 p., 387 fig. (le seul ouvrage scientifique consacré aux gravures et à l'archéologie).*

LEROI-GOURHAN A. (1965, 1e édition) ***Préhistoire de l'Art occidental,*** *Mazenod (L'art et les grandes civilisations), Paris, 482 p., 739 ill., 804 fig (1971, 2e édit. revue et augmentée) (un chapitre sur la décoration de Lascaux).*

LEROI-GOURHAN A. (1984) Grotte de Lascaux in ***L'Art des cavernes*** *(Atlas archéologique de la France), Ministère de la Culture, Paris, p. 180-200, 30 fig.*

Quelques synthèses grand public

DELLUC B. et G. (1984) ***Lascaux. Art et archéologie,*** *Les Editions du Périgord noir, Emmanuel Leymarie, Périgueux, 93 p., 18 fig., 4 pl., 4 plans.*

DELLUC, B. et G. (1985) ***Tout Lascaux, petit journal,*** *numéro unique, Office du Tourisme de la Dordogne et Editions du Périgord noir, Périgueux, 4 p., ill.*

RUSPOLI, M. avec la coll. de B. et G. DELLUC, H. de LUMLEY et M. PATOU (1986) ***Lascaux, un nouveau regard,*** *Bordas, Paris, 207 p., ill.*

Quelques points particuliers

BATAILLE, G. (1955) ***Lascaux ou la naissance de l'Art,*** *Skira, Genève, 149 p., 68 ill., 6 pl. h.-t. (1980, 2e édition) (avec une belle iconographie ; mais les bases scientifiques sur lesquelles s'appuyait, il y a plus de trente ans, l'intéressant texte de Georges Bataille sont aujourd'hui tout à fait obsolètes).*

BRUNET J., MARSAL. J., et VIDAL, P. (1980) Lascaux. Où en sont les travaux de conservation ? ***Archéologia,*** *n°149, p. 35-50, ill.*

DELLUC B. et G. (1984) Lascaux II : copie conforme ***L'Histoire,*** *n°64, p. 76-79, 1 fig. (la fabrication de Lascaux II).*

DELLUC B. et G. (1984) L'art pariétal avant Lascaux, ***Dossiers Histoire et archéologie,*** *n°87, p. 52-60, 15 fig. (la place de Lascaux dans l'art pariétal paléolithique).*

LEROI-GOURHAN, Arl. (1980) Lascaux, ***La Recherche,*** *vol. 11, n° 110, p. 412-420, 6 fig. (synthèse sur l'archéologie de Lascaux).*

LEROI-GOURHAN, Arl. (1982) L'archéologie de la grotte de Lascaux, ***Pour la Science,*** *n°58, p. 23-33, 12 fig.*

VIALOU D. (1976) ***Guide des grottes ornées paléolithiques ouvertes au public,*** *Masson, Paris, 128 p., fig. (la place de Lascaux parmi les grottes ornées).*

VIALOU D. (1984) Lascaux et l'art magdalénien, ***Dossiers Histoire et archéologie,*** *n°87, p. 61-69, 17 fig. (la place de Lascaux dans l'art pariétal paléolithique).*

VIALOU D. (1987) ***L'art des Cavernes. Les sanctuaires de la préhistoire,*** *Ed. du Rocher (collection Science et Découvertes), 117 p., 28 fig. (la place de Lascaux parmi les grottes ornées).*

VOUVE J., BRUNET J., VIDAL P., MARSAL J. (1982) ***Lascaux en Périgord noir,*** *Fanlac, Périgueux, 87 p., ill. (surtout pour les problèmes de conservation).*

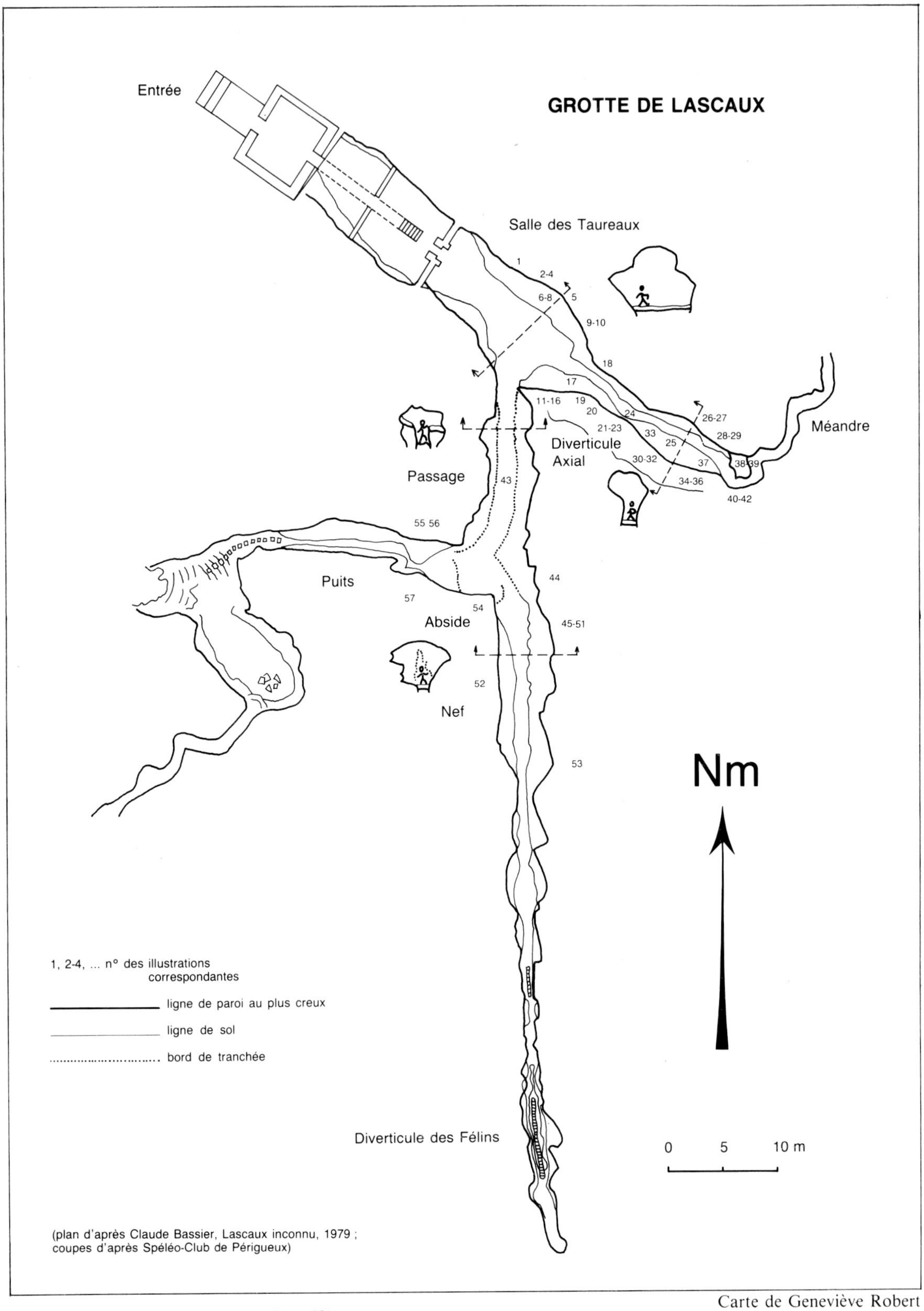

Carte de Geneviève Robert

1ère de couverture : Le grand Taureau (voir p. 12).
4ème de couverture : la scène du Puits (voir p. 57).

 Ce livre a été imprimé chez Pollina à Luçon - 85 - France. La photocomposition est de C.S. Rogé à Bordeaux - 33. Mise en page du studio des Éditions SUD-OUEST à BORDEAUX. Photogravure couleur de Bretagne Photogravure à Bruz - 35. La couverture a été tirée par Raynard à La Guerche de Bretagne - 35, et pelliculée par Pollina à Luçon - 85. Le brochage est de AFBO à Luçon - 85.
ISBN : 2.9059.8363.9 - Éditeur : 038.04.08.02.93 - N° d'impression : 15859.